한국인과 숲의 문화적 어울림

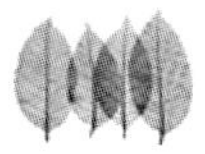

한국인과 숲의 문화적 어울림

지은이 이정호(李政昊, Yi Cheong-Ho) 고려대학교 대학원 산림유전학 및 생태학 석사, 영국 노팅햄대학 유전학과 인간분자유전학 박사, 하버드 의과대학 / 베쓰이즈라엘디커니스 의료원 심장연구부 연구펠로우, 삼성생명과학연구소 유전체학 책임연구원을 거쳐 현재 고려대학교 생명과학대학 환경생태연구소 선임연구원·삼육대학교 기초의약과학과 강사·과학연구평론가로 활동중이다. 편저로 『소나무, 또 하나의 겨레 상징』(2004), 번역서로 『유전자, 사람, 그리고 언어』(2005), 『닥터 골렘』(2009), 『생명의 언어』(2012)가 있으며, 영역서로 *Forests and Korean Culture*(2010)가 있다. 논문으로 "Sylvanic trees institutionalized in the ancient Northeast Asia:cultural and environmental significance of Dan-tree and Sa-tree"(2012)와 "Using the developmental gene bicoid to identify species of forensically important blowflies"(2013, 공동 집필) 등이 있다.

한국인과 숲의 문화적 어울림

초판 인쇄 2013년 2월 20일 **초판 발행** 2013년 2월 28일
지은이 이정호 **펴낸이** 박성모 **펴낸곳** 소명출판 **출판등록** 제13-522호
주소 서울시 서초구 서초동 1621-18 란빌딩 1층
전화 02-585-7840 **팩스** 02-585-7848 **전자우편** somyong@korea.com **홈페이지** www.somyong.co.kr

값 21,000원
ISBN 978-89-5626-818-7 03480

Cultural
Choreography between
Koreans and Forests

한국인과 숲의 문화적 어울림

이정호 지음

소명출판

　인간유전학을 전공하여 인간의 유전적 현상에 대해, 유럽과 미국 그리고 한국에서 20여 년간 나름대로 깊이 있게 천착하였음에도 숲과 나무에 대한 친밀감이 계속 유지된 것은 아마도 학부 시절 한국의 숲에서 경험한 체험, 잊히지 않는 강렬한 문화적 체험 덕분인 것 같다. 산림학을 전공하면서 답사 차 갔던 그 특별한 공간은 현재의 국립수목원이 위치한 경기도 포천 광릉의 숲이었다. 일반인의 출입이 금지된 곳이면서도 산림학 학부생들에게는 열어주었던, 광릉光陵 숲의 깊숙한 곳으로, 그곳에서 보았던 하늘을 찌를 듯한 잣나무와 전나무숲의 통직성의 미학이 뇌리에 강하게 각인되어 있다. 그곳은 당시만 해도 천연기념물인 광릉 크낙새가 서식하는 공간과 가까운 위치였다. 지금 광릉숲은 유네스코 생명다양성 보전지역으로 지정되어 있다.

　당시에는 한국의 역사에 대한 지식이 일천했기 때문에 그 광릉의 숲이 600여 년간 조선 세조와 왕후의 능원림으로 보전되어 왔다는 사실에 대해 전혀 몰랐다. 일제강점기의 총독부에서도 광릉에 임업시험장을 세우고, 임상이 좋은 숲에 나름대로 식수도 하고 보전하도록 결정했던 곳이다. 일제강점기와 한국전쟁의 포화와 불안정한 사회혼란 속에서도 광릉은 도벌이나 훼손의 광풍을 피해가면서 오래된 숲을 그대로 보전할 수 있었다.

태릉선수촌의 국가 엘리트 체육의 중심지도 실제로는 명종의 계비 문정왕후의 능원림에서 비롯되었다는 것도 몰랐다. 그냥 광릉이고 태릉이면 되는 것이지 아무런 역사적 의미, 한국의 문화적 정체성이 포개어져 있는지는 꿈에도 생각해 보지 못했던 것이다. 태릉은 단지 배경으로만 남아 있는 것이고 현대 사회와 친근한 성냥갑 모양의 건물들이 먼저 눈에 들어올 뿐이었다. 적어도 당시의 청년의 눈에는 현대적인 물질성만이 눈에 들어오는 것이었다.

광릉숲에서 체험했던 그 통직성의 미학은 그 이전까지의 나무와 숲에 대한 개인적 이미지 자체를 완전히 바꾸어 버렸다. 1970년대 국민학생(초등학생) 때만 해도 경부선 열차를 타고 여행하면서 창밖으로 보게 되는 한국의 산지는 대부분 녹색이 아니고 붉은색의 민둥산이었다. 국민학교 고학년 어느 해 봄에는 학교 뒷산의 소나무에 송충이가 많다고 하여 징그러운 송충이 잡기에 동원되어 송충이를 나무집게로 잡아 비닐봉지에 넣어 담임선생님께 보여야 했던 적도 있다. 남산에 올라가면 소나무가 있었지만 비틀배틀 하고 축 처져 있어서 뭐 이런 소나무가 다 있냐는 식이었다. 그 때까지 촘촘하고 빽빽하게 하늘을 향해 솟구쳐 오르는 나무들의 집단적인 합창과 일무佾舞를 제대로 보고 느껴본 적이 없었던 것이었다. 한국 사회에서만 자라나고 살아왔으니 한국인이라는 정체성이나 문화적 배경을 밖에서 바라보는 감각이 거의 없었던 것이다.

　소나무 목재로 서까래나 기둥을 삼는 목재건축물을 제대로 지으려면 통직한 나무들이 있어야 할 것은 아주 자명하고 그에 따라서 통직성의 줄기를 갖춘 오래 자란 소나무를 베어내어야 된다는 것은 모두가 잘 안다. 그런데 그렇게 통직성을 갖춘 나무가 자라는 숲을 어디로 가서 볼 수 있는지도 모르던 시대였다. 아마 현재의 한국 사회의 대부분의 일원들도 마찬가지일지도 모른다. 또한 그 때에는 그러한 소나무를 얼마나 오랫동안 길러야 그렇게 자라게 할 수 있는지도 몰랐다.

　인간유전학의 유전자 지리학gene geography에는 고고학과 체질인류학의 데이터를 살펴보면서 인간 사회의 문화를 깊이 살펴보는 초학제적 융합 분야trans-disciplinary convergence field가 있다. 이러한 유전자 지리학에 대한 문헌과 데이터를 다루면서 만주와 한반도에서 일어났던 현생 인류와 그 후손들과 숲의 상호작용을 나름대로의 체계를 세워서 살펴보게 되었다. 현생 인류의 아프리카 유래-산포 가설과 함께 살펴보는 동북아시아의 현대 인류의 집단 유전학적 친근성과 유전적 거리는 상당히 긴 시간 동안에 걸쳐 천천히 일어난 이주를 다룬다. 동아시아 지역, 그리고 더욱 북쪽에 있는 시베리아와 동북아시아 지역에서 구석기의 말기를 거치면서 신석기 시대를 산 사람들의 후예가 현대의 중국인, 한국인 그리고 일본인의 조상이라고 말한다. 동북아시아와 시베리아 남부에서는 거의 1만 년 전부터 토기를 만들면서 신석기 시대가 도래한다. 농경의 발달은 신석기 시대의 중기에 해당하는 7,000~8,000년 전부터 이루어진다. 아마도 한국인이라는 정체성을 시간적 거리로 굉장히 많이 거슬러 가보면 이러한 시대로부터 살펴보아야 할 것 같다. 한반도와 만주로만 국한해도 신석기 시대 말기와 청동기 시대 초기에서부터 인간의 정주지역 주위의 산림은 불을 일으키고 불을 사용하는 일차 재료로서의 역할과 함께 움집과 같은 목재건축물을 짓는 재료를 공급하여 숲과 인간의 상호작용이 시작되었다. 유전자 지리학이 다루는 고고학 문헌과 자료에서 시작된 것이 역사 시대로까지 뻗어오게 되었다. 역사 시대의 자료는 역사 문헌들을 찾고 해석하는 것이다.

숲과 인간의 상호작용은 고대 사회, 중세 사회 및 근세 사회를 지내면서 산림문화를 낳았다. 산림문화는 작물 및 토지와 인간의 상호작용인 농경문화와 대조적이면서도 상호 보완적인 관계를 가지고 있다. 그런데 농경문화에서 나타난 한국인의 문화적 정체성과는 또 다른 측면의 정체성이 산림문화에서 드러난다.

현대는 상당히 복잡하게 얽혀 있으면서도 그 전체가 일관성을 이루는 자연을 생태계라는 개념으로 묶어서 말한다. 과거에는 자연생태계와 인간 사회가 별로 상호 관여하지 않는 거의 독립적인 시스템에 속하는 것으로 가정하고 자연과학과 인문사회학에서 살펴보았다. 하지만 최근에는 자연-인간 시스템nature-human system 혹은 사회-생태 시스템socio-ecological system으로 보아 서로 상호작용하는 요소들을 가진 시스템을 대상으로 하여 연구한다. 산림문화나 농경문화도 이러한 자연-인간 시스템 혹은 사회-생태 시스템 속에서 드러나는 그 어떤 것이다. 국제연합(UN, United Nations)에서 주도하여 밀레니엄생태계 보고서가 2005년에 출간되었는데 이렇게 인간과 생태계의 연결과 상호작용에 주목하여 생태계가 인간에게 수여하는 혜택을 생태계서비스ecosystem service의 개념으로 정리하고 있다.

　『한국인과 숲의 문화적 어울림』은 나무와 숲과 상호작용하는 인간, 특히 한국인을 다룬다. 마지막 장에서 명명한 '호모 실바누스Homo sylvanus'는 그러한 인간을 말한다. 나무와 숲 생태계가 호모 실바누스에게 주는 생태계 서비스를 역사적 변화의 측면, 그리고 시대적 적실성의 측면에서 다루면서 한국인이라는 정체성을 드러내고자 하였다. 나무와 숲의 문화적 생태계 서비스를 중심으로 하는 문화생태학의 글줄이 전개되어 있다. 기원전이나 기원 무렵부터 나무와 숲은 만주와 한반도의 현생 인류와 문화적 어울림cultural choreography을 해온 것이다. 그 때로부터 시작하여 1~2세기 동안에 일어난 근대화 과정에서 크게 변화된 현대 한국인에게서도 현재적 스타일의 숲과의 문화적 어울림이 발견되며 앞으로 더욱 새로우면서도 훌륭한 산림문화를 만들어 가야 한다고 주장한다.

 이 책은 많은 분들의 조언과 배려에 속에서 쓰인 것이다. 우선 인간유전학을 전공하는 중간에나 한국에서 연구하는 가운데에도 숲 및 산림문화와의 친연성을 잃지 않게 격려해 주신 국민대학교 전영우 교수님께 감사를 표한다. 세계산림과학연구연합(IUFRO, International Union of Forest Research Organization)의 '산림문화 및 문화적 임업' 소분과(Working party 6.07.03[현재 9.03.02]) 활동을 녹색사업단 지원으로 같이 할 수 있게 되었던 것도 전영우 교수님과 같은 대학 김기원 교수님 덕분이다. '숲과 문화연구회' 동인들과의 인연도 빼 놓을 수 없다. 이 책에 실린 18개의 글 중에서 11개는 산림협동조합중앙회가 출간하는 월간지 『산림』에 연재되었던 산림문화 칼럼 글들에서 수정하였다. 『소나무, 또 하나의 겨레상징』, 『아름다운 우리 숲 찾아가기』에 수록하였던 글도 모아서 일부 수정하게 되었고, 체계적 조망 아래 필요한 글들을 추가하게 되었다. 문헌을 부가하여 책으로 내면 좋겠다는 현 국립수목원장 신준환 박사님의 언급이 책을 내는 동기가 되었다. 고려대 환경생태연구소의 배려에도 감사드린다. 미술작품을 표지에 사용할 수 있도록 허락해 주신 이호신 화백에게 감사드린다. 출판계의 어려운 사정에도 불구하고 출간을 결정해주신 소명출판 박성모 사장님과 공홍 편집장님에게도 감사드린다.

한국인과 숲의 문화적 어울림

제1부

나무와 숲의
상징성과 정체성

제1장

왕목 소나무 문화

한국의 문화유산

나무라는 보편성을 머금고 있는 소나무

소나무는 한국인에게 있어 아주 중요한 상징적인 의미를 지닌다. 산림청의 국민의식조사에서도 소나무를 한국인이 가장 좋아하는 것으로 나타났다는 것은 잘 알려진 사실이다. 한국어로 그리는 나무라는 이미지 속에 이미 소나무는 나무라는 보편적 의미를 머금고 있다. 우리 소나무는 과학의 라틴어 명칭을 피누스 덴시플로라Pinus densiflora라고 한다. 일제강점기 때 학명이 등재되는 바람에 현재에도 쓰는 영어 학명은 일본붉은소나무Japanese red pine이다. 그런데 한국인이라면, 또는 한국문화와 소나무의 관계에 대해 제대로 아는 사람이라면 우리 소나무는 적어도 앞으로 한국

붉은소나무Korean red pine라고 강하게 주장해야 될 것으로 보인다. 그 근거는 문화적인 측면이 강하다. 과학적으로도 우리 소나무의 원산지, 또는 이주원천지가 어디 인지 밝히는 작업이 있어야 할 것이지만 소나무의 원산지는 한국인 것으로 보인다.

소나무는 나무라는 일반 명사에 '소'라는 의미소가 앞에 붙은 것이다. 나무라는 말에 '참'이라는 의미소가 붙으면 참나무가 되고, 밤, 감, 대추, 사과라는 열매를 붙이면 각각의 과수가 된다. 물론 꽃이 있는 목본 식물은 그냥 꽃으로 부르는 경우가 많다. 무궁화나 목련도 목질소를 가진 수피가 있어서 나무임에도 불구하고 그냥 무궁화라고 부르는 경우가 많다. 반면에 빨간 꽃을 피우는 동백은 동백나무라고 부르는 경우가 더 많은지 모르겠다.

소나무라는 단어의 앞에 붙은 '소'라는 의미소를 크게 두 가지로 해석한다. 첫째로 '소'가 '솟아오르다' 내지는 '아래서 위로 세차게 솟다'라는 용례의 '솟다'라는 용언에서 도출되어 나온 것으로 해석한다. 말하자면 양반집에 들어가는 대문이 솟아 있기 때문에 솟을 대문이라고 했던 것과 같은 용례를 가진다고 보는 것이다. 만약에 이렇게 높이 솟은 어떤 것을 의미하는 것이 나무에 붙은 것이라면 우리가 현재 문화적으로 만들고 있는 소나무 이미지와 상응하는 면이 있다. 서울 시내의 여러 곳을 다녀 보면, 예를 들어 잠실이나 강변전철역 주변의 아파트 단지의 여러 입구들을 유심히 살펴본다든지, 국립중앙박물관 경내의 왼쪽 편에 조성된 소나무숲을 본다든지, 새로 복원된 경복궁 경내의 서북쪽 지역을 걷는 다면, 소나무가 높이 솟아 있다는 느낌을 지울 수가 없다. 지방의 여러 곳도 마찬가지다. 포천시에 들어가는 입구라든지, 부산 서면 로터리, 광주역 앞 같은 곳에 하늘을 향해 수직으로 길게 솟아있는 소나무들을 최근에 잘 볼 수 있다. '솟구침'의 이미지를 가진 경관landscape을 현대 한국인들이 만들어가고 있는 것이다. 과거에는 소나무가 이러한 이미지를 가지고 다가오지 않았다. 서울 남산의 소나무는 철갑을 두른듯하다는 애국가의 구절과는 달리 주변에서 보는 소나무는 비틀배틀한 모양에 솟구치는 기상을 보여주지 않고 있었기 때문이다. 그래서 이전 세대들이 가진 소나무에 대한 이미지는 그렇게 좋지 않았다. 솟아 있는 소나무라는 이미지는 최근 10~15여 년 사이에 생긴 경관이요, 풍경인 것이다.

둘째로 소나무의 '소'가 가장 높은 어떤 것, 우리말의 '으뜸' 이나 '최고'를 의미한다고 해석한다. 아주 긴 장대 꼭대기 높이 솟은 부분에 영험한 무언가를 달아 놓은 솟대를 세우고 그것을 숭배했던 신석기 내지는 그 이후 기원전 1세기부터 시작되는 삼국시대 이전의 습속이 내려 온 것으로 해석하는 것이다. 이러한 것은 성리학적인 문화를 창출했던 조선시대에도 이어져서 과거에 급제를 하면 그것을 기념하기 위해서 마을의 입구에 붉은 칠을 한 장대위에 붉은 용모양의 형상을 달아서 자랑스러워하던 풍습까지 전승되어 온 것이다. 강원도 지역 같은 데에서는 긴 장대위에 새 모양의 형상을 달아두는 것도 솟대라 한다. 역시 기다란 목조장대를 세우고 그 으뜸부분에 무언가를 올리는 습속이다. 기원전 1세기에서 기원후 3세기 사이의 한반도 서부 마한馬韓 지역을 설명하는 『후한서後漢書』나 중국 『삼국지』 「위서魏書 동이東夷전」에는 "여러 국읍에는 한 사람씩 하늘신天神의 제사를 주재하는데 그 사람을 천군天君이라 부른다. 또 소도蘇塗를 만들어 거기다가 큰 나무를 세우고 방울과 북을 달아 놓고 신을 섬긴다"라는 언급이 있다. 어떤 사람은 이 소도에서 솟대라는 말이 나온 것이라고 한다. 솟대 세우는 풍습이 나온 성스러운 지역이 바로 소도라는 것이다. 또한 소도라고 쓰인 한문은 2,000년 전의 우리말의 '수두'를 음차해서 번역한 것이라고 믿는 사람도 있다. 이 수두에 하늘에 대한 제사를 지내는 천군이 있었던 것이다. 또 불가피한 죄를 지었을 때 이 수두 지역으로 도망쳐 들어가면 복수의 위해를 받지 않는 곳이었다. 이렇게 사회 습속에 신성한 어떤 것으로 받아들여지던 것으로부터 으뜸이나 최고를 의미하는 '소'의 의미가 도출되었을 것이라고 해석한다.

고려의 왕목

소나무가 가진 원형 이미지가 수직으로 솟구쳐 오르는듯하면서 으뜸과 최고를 상징한다는 것은 흥미로운 사실이다. 그런데

"소나무가 한반도와 만주에서 삶을 영위한 한국인의 조상들의 내면에 언제부터 자리 잡았는가?"라는 질문을 던지면 대답이 아주 궁색해 진다. 이 의문은 소나무가 높이 솟는 형상의 나무이면서 으뜸이고 최고를 뜻하는 나무로 언제 자리매김 하였느냐는 의문과 상통하기 때문이다. 적어도 반 만 년의 역사를 가지고 있는 것으로 자부하는 한국인들에게 과학적인 방법을 동원하던 아니면 인문사회학적인 방법을 동원하든지 어떤 형식과 방법으로라도 이러한 의문에 대한 답을 할 수 있어야 한다.

우선 소나무가 등장하는 그림은 고구려 고분벽화에서 찾을 수 있다. 고구려 고분벽화는 기원후 5세기에서 7세기 정도에 걸쳐서 현재의 압록강 중류인 북한의 만포 건너의 땅인 지린성吉林省 지안集安과 그 부근, 그리고 평양과 그 부근 지역에 존재하는 왕족과 귀족의 무덤속의 돌 벽에 그려져 있다. 평양 남쪽 지역에 존재하는 고분 진파리 1호에는 벽화시대로 후기에 조성된 것으로 동벽의 청룡, 서벽의 백호, 남벽의 주작, 북벽의 현무의 사신도가 그려져 있다. 그 북벽에 현무가 중앙에 그려져 있고 그 양쪽 편에 소나무가 두 그루 그려져 있다. 5세기 말에서 6세기 초에 해당되는 벽화이니까 지금부터 1,500~1,600년은 족히 되는 시기에 소나무가 왕족내지는 귀족의 고분벽화에 등장한다. 길상吉祥한 수호신 동물들과 함께 소나무가 등장하는 것은 상당한 의미를 가진다.

왕목王木은 근대 이전의 동북아시아의 왕국, 왕조 사회에서 왕실과의 문화적 또는 종교-정치적 관련성이 깊은 길상吉祥한 나무로 정의할 수 있는데, 특히 창업주 왕과의 인연이 깊어 고대나 중세 사회에서 종교-정치적 역할을 한 것으로 드러난다. 왕실의 국가 지배를 정당화하는 상징으로 기능한 것이다.

소나무와 고려 태조 왕건의 인연은 아주 깊다. 소나무가 고려의 왕목이었다고 할 수 있다. 고구려 때에 등장하는 귀족의 길상한 나무에서 더욱 발전된 문화적 의미를 가지게 되었다. 왕건의 고려는 대조영의 발해보다는 2세기 정도 후에 고구려를 계승하면서 통일신라 후기의 난세를 극복하면서 생겨난 나라이다. 고려 태조 왕건의 세계世系에는 고구려 유민의 요소가 있고, 일설에는 선대先代의 왕건 가문이 발해의 왕족과 통혼하기도 하였다고 한다. 그런데 왕건의 왕릉 벽화에 소나무가 등장한다. 고려 태조 왕건의 왕릉인 현릉은 개성의 만수산 기슭에 있는데 북한 학자들에 의해서 1993년에 발굴되었다. 고구려 고분벽화 후대와 마찬가지로 현릉에도 사신도가 그려져 있다. 평양 수도 시대(안학궁 / 대성산성 및 장안성 시대)의 고구려의 영향을 받은 것 같은 양식이다. 그런데 북벽에도 그림이 있지만 훼손되어 희미하고 동벽과 서벽에 세한삼우歲寒三友에 해당하는 소나무, 대나무, 매화가 그려져 있다. 동벽에는 매화와 대나무를 그리고 서벽에는 소나무를 그린 것이다(그림 1-1). 현릉은 왕건이 사망한 943년에 조성되었다가 몽고의 침입이 있었던 때에 강화도로 이장되었다가 강화도에서 개성으로 돌아온 다음인 고려 원종 12년(1271년)에 다시 조성되었다고 한다. 소나무가 1,000년 전, 또는 최소한 800여 년 전에 왕의

왕건의 왕릉인 현릉의 서벽에 소나무가 드러나 있고 그 밑에 백호(白虎)가 보인다. 독특한 스타일의 소나무 그림으로 소나무 아래에 백호가 위치하는 구도를 보여준다.

무덤의 벽화에 등장하고 있다.

소나무가 고려의 왕목이라고 부를 수 있는 또 다른 근거는 왕건이 자신이 태어난 개성을 도읍으로 정하게 된 역사적 내력에도 존재한다. 왕건은 송악사람이다. 왕건이 태어날 때의 개성은 '송악松嶽'으로 불렸다. 소나무가 울창한 산을 낀 지역의 사람인 것이다. 고려 사회 초기에 왕건의 선조 세대가 개성의 산에 소나무숲을 조성한 것 때문에 궁예를 제치고 왕이 되었다는 종교-정치적 믿음이 퍼졌다. 불교의 영향이 짙은 풍수지리에 근거한 당대의 문화적 논리에 맞는 믿음이었다. 하늘이 내린 길지를 소나무로 더욱 강력하게 만든 혈통과 지역에서 삼한三韓을 재통일할 왕이 나온다는 믿음이 당대에는 합리적인 것이었고, 많은 사람들이 믿을 수 있는 이데올로기 역할을 했다. 송악으로 바꾸기 이전의 통일신라 후기 개성은 부소군扶蘇郡으로 불렀다. 그리고 군의 행정 중심인 읍치邑治가 부소산扶蘇山 북쪽에 위치해 있었다. 그런데 왕건의 5대조에 해당하는 강충이 풍수학에 밝은 신라 관리의 말에 따라 풍수학적 형세가 좋은 부소산의 남쪽에 암석이 드러나지 않게 엄청나게 많은 소나무를 식재하여 숲을 조성하였고, 읍치를 부소산의 남쪽으로 옮겨 군민들을 옮겼으며 이름도 송악군으로 고쳤다고 한다. 하늘이 내린 길지吉地에 환경조성에 의한 숭엄崇嚴을 부여한 것이 된다.

조선의 왕목

근세 조선을 창업한 이성계도 소나무와의 종교-정치적 인연이 깊다. 우선 이성계의 호號가 소나무건물을 의미하는 '송헌松軒'이다. 이성계가 유래된 족속의 본래의 근원지가 전주全州라서 본관이 전주다. 그런데 고려의 풍수지리적인 문화논리로 말해도 이성계는 조상의 은혜를 받은 사람이 된다. 조선의 창업과정을 노래한 〈용비어천가〉는 그런 것을 반영하고 있다.

   한국인과 숲의 문화적 어울림

    이성계의 5대조 할아버지와 할머니의 능묘는 높이 솟은 소나무숲에 둘러 싸여 있다. 조선 창업주의 선조들을 노래한 〈용비어천가〉에 등장하는 이성계의 고조부(4대조)는 추증왕 목조穆祖 이안사李安社이다. 전주에서 태어나 고려의 귀족으로 부모와 살다가 지방관과 문제가 생겨서 어머니의 고장인 강원도 삼척지역으로 이주한다. 삼척으로 이주해 살던 중에 문제가 있었던 그 지방관이 삼척으로 왔고, 당대는 몽고가 만주와 한반도를 거의 점령한 시대라서 이안사는 따르는 무리를 이끌고 더욱 북쪽으로 가서 현재의 지린성 연변자치주와 가까운 지역에서 여진족들과 섞여 살면서 몽고의 지방 관리를 한다. 〈용비어천가〉는 이안사가 후대의 이성계의 창업의 기틀을 닦기 시작한 것으로 묘사한다. 풍수학을 통합한 성리학적인 문화논리로 보아 목조 이안사의 부모의 능묘가 삼척의 길지吉地에 위치해 있고, 길상吉祥한 생명체인 소나무로 둘러싸여있다. 조선시대의 십장생도十長生圖 같은 데에도 길상한 생명체인 소나무는 중요한 일원이다. 이안사의 아버지 이양무의 묘는 준경묘이고 어머니 강 씨의 묘는 영경묘이다. 조선 말 대한제국 초의 조선 고종대에 묘호를 얻었다. 그런데 준경묘와 영경묘의 소나무숲은 현재도 금강金剛 소나무로 구성된 한국에서 최고급 으뜸가는 소나무숲의 하나이다. 솟구치는 듯한 형상의 으뜸소나무들이 장관을 이루는 아름다운 숲이다. 숭례문의 화재로 복원이 결정되자 준경묘의 소나무를 재목으로 쓰기로 결정했을 정도다.

그림 1-2. 함흥본궁 그림

18세기 그림으로 추정되는 〈함흥내외십경도(咸興內外十景圖)〉 중의 함흥본궁 그림으로
앞의 연못과 뒤의 풍패루 뒤에 소나무들이 그려져 있다.

다음으로 태조 이성계는 자신의 근거지인 함흥의 잠저潛邸였던 곳에 창업주 상징에 해당하는 소나무 식목植木의 고사古事를 남기고 있다. 이안사의 아들, 손자, 증손자가 추증왕 익조翼祖 이행리, 도조度祖 이춘, 환조桓祖 이자춘인데 모두 함경도의 영흥과 함흥 일대에 근거지를 가지고 고려인과 여진인의 연합적인 세력을 키

왔다. 조선이 창업되면서 이성계가 태어난 영흥과 근거지인 함흥에는 본궁本宮이라는 이름을 얻게 된다(그림 1-2).

본궁에는 〈용비어천가〉에 나온 바의 이성계의 4대조 조상들의 위패가 모셔진다. 한나라의 창업주 유방의 고향의 이름이 풍패豊沛인데 그 이름을 따서 왕의 고향, 왕이 난 곳을 풍패지향豊沛之鄉이라고 한다. 함흥본궁의 누각이름이 풍패루이다. 그런데 함흥본궁 풍패루 뒤편에는 태조 이성계가 심었다고 하는 소나무들이 있었고 그 이름이 '수식송手植松'으로 남아있다. 이성계가 활을 걸었다는 '괘궁송掛弓松'으로도 전한다. 임진왜란이나 병자호란 때도 이 나무들이 그대로 남아 있었다는 전설이 있고, 300여 년 후에 진경산수화의 대가 정선(鄭敾, 1676~1759)도 이 함흥의 유명한 본궁소나무를 그려서 지금에 전하고 있다(그림 1-3).

소나무가 적어도 고려시대(918~1392)와 조선시대(1392~1897)의 왕실과 약 1,000년에 해당하는 문화적 연관성이 깊은 생명체였다는 점은 분명하다. 특히 두 왕조의 창업주와의 관련성은 굉장히 강력하다. 이런 역사적 자료들에 근거하면 소나무와 한국인은 적어도 1,000년 정도의 문화적 연관성을 가지는 것으로 드러나는 것이다. 그것도 중세 사회를 이끈 지도층, 그것도 가장 상위의 왕실과 소나무의 문화적 연관성이 확연해 지고, 특히 왕조 창업주의 고사와 당대의 문화적 논리를 통하여 연결된 것을 보여준다.

인간과 숲의 상호작용이라는 관점에서 살펴보아도, 혹은 상호작용에 의해 파생되는 숲 생태계 서비스의 차원에서 들여다보아

그림 1-3. 정선의 그림 〈함흥본궁송〉

태조 이성계와의 시간적 격차가 300여 년 되는 시대에 그린 것으로
소나무를 가장 잘 볼 수 있는 각도에서 바로 보고 그린 것으로 보인다.

한국인과 숲의 문화적 어울림

도 소나무는 현대는 말할 것도 없고 고려-조선의 중세 시대 경우에 아주 중요한 숲 생태계의 주역이었다. 숲 생태계가 인간에게 끼치는 문화적 혜택으로 보아도 소나무는 왕목 소나무 문화 뿐만 아니라 고려와 조선시대의 여러 형식의 시詩나 그림 속에 너무나 자주 등장하고 있는 사실을 살펴보아도 한국인의 문화유산cultural legacy인 것이 틀림이었다. 또한 소나무는 생물체이기 때문에 우리의 귀중한 자연유산natural legacy이기도 하다.

제2장

수목신앙에서 비롯된 단군조선의 정통성

만주·한반도의 고대 사회

한국사에서 고대 사회라고 한다면 주로 기원전 1세기경에 시작된 것으로 기록되어 있는 고구려, 백제, 신라, 또는 가야를 연상하는 경우가 많다. 다음으로 고려라는 중세 사회와 조선이라는 근세 사회가 이어진다. 보통 조선의 후기 내지는 말기, 그리고 일제강점기를 거치면서 근대 혹은 현대 사회의 모습이 나타나기 시작하였다고 배운다.

삼국시대가 시작된 것으로 여기는 시기보다 약 300~400년을 거슬러 올라가면 기원전 4~3세기경의 부여, 예濊, 옥저, 마한, 진한, 변한, 그리고 위만조선 정도를 연상한다. 바로 이러한 시대를

한국인과 숲의 문화적 어울림

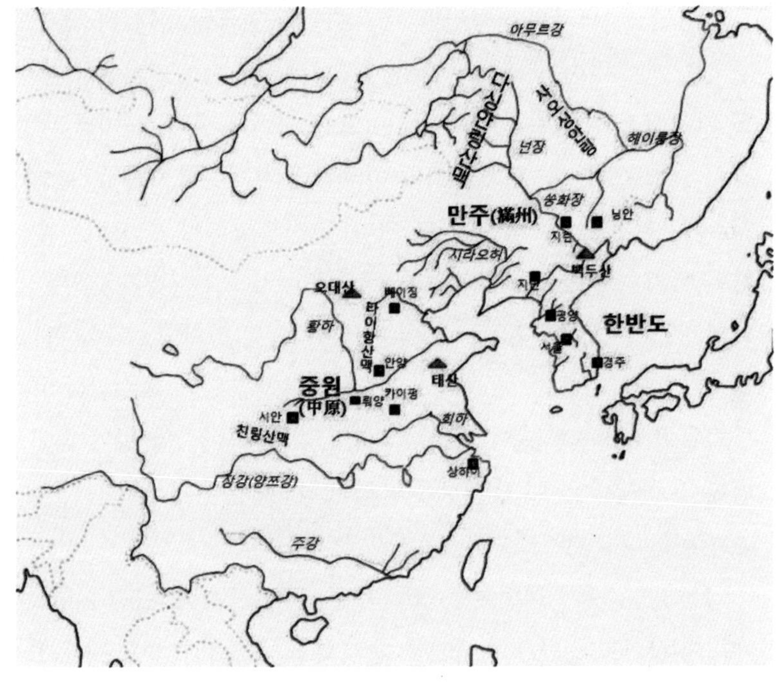

전후하여 만주와 한반도에 중원中原의 북동쪽 변방, 현재의 베이징 부근 지역 연燕나라에서 철기가 도래했다고 알려져 있다. 중원은 현재의 중국의 수도인 베이징이 아니라 그 보다 남쪽 및 남서쪽의 현대 중국의 중부지방으로 옛 수도들인 시안西安과 뤄양洛陽을 잇는 허난성, 샨시성 남부, 산시성의 황하 유역 지역을 일컫는 지리적 명칭이다(그림 2-1).

기원전 6~5세기에 전성기를 이룬 중원의 전국戰國 시대의 국가 간 경쟁에서 발전된 철기가 만주 서쪽에서 요동반도 가까운 지역을 거쳐서 한반도로 전파되었다고 보는 것이 정설이다. 여러 나라가 전쟁을 벌이면서 경쟁하던 전국시대는 기원전 5세기(기원전 480)에 기원전 221년까지 지속되었다. 진시황秦始皇이 중원에 존재했던 여러 나라들을 통일하였고 현재 우리가 쓰는 한자漢字의 통일된 모습도 진시황대에 이루어 진 것이다. 말하자면 2300년 정도 된 것이 한자이다. 진시황 사후 몇 십 년간 혼란이 계속되다가 장기판의 초한전楚漢戰의 항우와 유방의 대립을 거쳐 유방이 한漢 나라를 기원전 202년 성립시켜 이후 전한 200년 후한 200년의 왕조를 이룬다.

기원전 4~3세기 이전의 1,000여 년 전, 예를 들어 기원전 13~12세기의 한반도와 만주에 어떤 고대 사회가 자리 잡고 있었는지에 대해서 역사가들에게 물으면 기록이 별로 없다는 말 뿐이고 그냥 고고학적인 유물과 데이터를 제시해야 한다고 한다. 기록에 근거한다는 역사시대와 역사 이전의 시대인 선사시대의 분기는 기원전 1,000년대에도 벌써 나타나는 것이다. 상대적으로 중원 지역에 대한 기록은 풍부한 편이다. 유교, 또는 유학의 시조로 일컫는 공자가 활동하던 기원전 7세기를 기점으로 중원의 맹주 주周 나라의 왕권이 약화되고 제후국의 패권이 시작되던 춘추시대가 전국시대의 앞에 있다. 공자가 이상적인 예치禮治의 모델로 생각했던 주나라는 기원전 11세기에 상商 나라를 이어서 일어난 고대 국가로 기원전 300~400년까지 이어가고 있었다. 상나라는 후대의 수도명인 은殷이 더 유명하고, 허난성 안양의 은허殷墟는 상나라의 마지막 수도중의 하나였다(그림 2-1 참조). 최근의 고고학적 발굴에 의해서 여러 다른 역사자료들도 축적되었다. 중국 고고학에서는 보통 상나라를 고고학적 데이터로나 갑골과 같은 문자의 해독으로 판별가능한 나라로 말한다. 상나라는 기원전 17세기 무렵에 시작된 것으로 보고 있다.

기원전 13~12세기에서 기원전 4~3세기까지의 만주와 한반도에서 번성한 고대 사회에 대해 제시되는 데이터는 주로 청동기 시대의 만주-한반도 표지유물인 비파형동검과 고대 사회 수장의 장묘로 알려지고 있는 고인돌이다. 통상적으로 기원전 13~12세기 이후에 비파형동검과 고인돌의 문화가 출현하기 시작하였다고 믿고 있다. 이 시대는 고구려와 부여가 시작되기 이전의 사회이다. 고구려의 선대先代가 되는 인족ethnic group은 맥족貊族, 부여와 예濊의 선대 인족人族은 예족濊族이고 각각 곰과 호랑이 토템을 숭배한 것으로 기록되어 있다. 고구려, 부여, 예, 옥저와 같은 만주와 한반도 북부에 걸쳐서 살았던 사람들과 여러 방식의 접촉과 교류 및 상호작용을 하였던 것으로 보이는 인족은 한족韓族으로 후대에 와서 한반도 중남부의 마한, 진한, 변진을 이루고 있었다.

비파형동검과 고인돌의 문화를 만들고 향유한 사람들은 이렇게 예족, 맥족, 한족으로 구분 할 수 있었던 기원전 1,000년대의 사람들이다. 이 시대에 한반도 중서부에서 요동반도를 거쳐서 요서 지역을 잇는 만주 전역에 걸쳐서 삶을 영위한 고대 사회의 주류 구성원들을 '예맥조선' 사람들이라고 해도 좋을 것이다. 중원 지역에 상나라를 이어서 나타났던 주나라나 춘추시대의 주나라의 제후국으로 출발했던 여러 국가들, 그리고 주나라처럼 왕이 있던 전국 시대의 여러 국가들의 사람들과 교류 및 대립한 그 시대의 만주-한반도의 사람들을 예맥조선 사람들이라고 해도 무방할 것이다. 원나라와 교류하던 고려 후기의 유학자 이승휴가 지은『제왕운기』는 '후조선後朝鮮'이라는 용어를 쓴다. 조선에서 신라, 백제, 고구려, 예, 옥저, 모두가 유래되었다고 이승휴는 노래한다. 고려시대 사람인 이승휴는 기원전 11세기에 중원 서쪽의 주나라가 동쪽의 상나라를 멸할 때 상나라의 왕족인 기자箕子가 은허에서 동북쪽의 자기 고향, 고죽국으로 돌아갔다고 하는 전설을 기점으로 하여 후조선을 지칭하는 것이었다. 현대 한국인은 만주 전역과 한반도 북부에 걸쳐서 살던 인족들인 예족과 맥족을 중심으로 하는 것이 더욱 좋을 것이다.

단나무 신앙과 단군조선

단군신화에 포함된 단군조선은 개국 연대가 기원전 2333년으로 기원전 24세기가 된다. 중원에서 고고학적으로나 문자의 해독의 결과로 인정가능한 상나라의 시작이 기원전 17세기 정도이다(그림 2-1 참조). 갑골문이 상나라의 후대의 은허에서 나왔다. 단군이 세운 조선이라는 국가는 상나라보다도 500~600년은 더 오래되었다고 상정해야 된다. 예맥조선 사람들이라고 지칭 하는 사람들의 시작을 알리는 기원전 13~12세기보다도 1,000년은 앞선 시대이다.

고려시대의 불교인 일연이 쓴 『삼국유사』와 이승휴의 한시漢詩인 『제왕운기』는 이러한 시대의 단군조선에서 수목숭배, 또는 수목신앙sylvanism이 있었음을 알려주고 있다. 단군은 환인이라는 천상황제의 서자인 환웅을 아버지로 하고 곰이 변하여 여자가 된 웅녀를 어머니로 하여 태어난 존재로 묘사되어 있다. 이러한 신화적인 혹은 고대 종교적인 묘사와는 달리 단군은 서하西河의 딸과 결혼하여 아들을 낳았는데 그 이름을 부루扶婁라고 했다고 한다. 아들 부루는 단군을 이어서 그 나라의 두 번째 왕이 되었다. 단군을 신적인 존재로 받드는 것은 고대 사회의 종교-정치적 문화에서 가능한 것이었다. 단군은 제사장-군왕이었던 것이다.

단군신화에 따르면 단군의 아버지 환웅이 동방 문명개척단 3,000명을 이끌고 태백산 신단수神檀樹아래로 내려와 신시神市를 세웠다. 고대 사회의 종교-정치적 의미를 함축하고 있는 것이다. 첫째로 이승휴의 『제왕운기』는 환웅이 바로 곧 단수신檀樹神이라고 묘사하고 있다. 웅녀가 단수신에게, 또는 신단수에게 아들을 낳게 해 달라고 빌었고 잉태하여 단군을 낳은 것이다. 둘째로 우리가 신단수로 부르는 실체의 접두어 신神 자는 영적인 존재를 의미한다. 생물학적인 단나무는 영적인 존재라는 의미로 신단수가 되었다. 셋째로『삼국유사』의 저자 일연은 신단수의 '단' 자를 단나무 단檀 자를 쓰지 않고, 제사를 지내는 제단을 의미하는 '단壇'으로 쓰고 있다. 신앙과 제의의 요소를 함축하는 나무라는 것을 더욱 강하게 표현하고 있는 것이다. 넷째로 이렇게 수목숭배를 통한 제의祭儀를 주관하는 군장이 한민족의 시조가 되었다는 사실이 그 왕의 이름 곧 '단군檀君'에서 나타난다. 또 다르게 해석하면 '단나무왕'으로 수목숭배의 흔적을 강하게 포함하고 있다. 다섯째, 단군의 아버지 환웅은 신적인 존재이면서 나무라는 생물학적 존재성을 가지고 있는 것이다. 단군이 제사를 드린 단나무는 하늘에 대한 제사도 되면서, 인간적 존재의 근원에 대한 시조 제사도 되는 것을 의미한다. 고대 사회에서 종교는 지배이데올로기였다고 한다. 이런 측면에서 단군조선 사회에서 국가의 정통성은 수목숭배와 밀접하게 연결되어 있었음이 자연스럽게 드러난다. 다르게 말하면 단군조선 사회에서 단나무는 종교-정치적 기능을 가지고 있었던 것이다.

단군신화의 신단수의 생물학적 모습을 '단檀나무'로 불러도 좋은 것이다. 종교적 의미, 신앙적 뉘앙스를 걸어낸 단어가 단나무이다. 일차적으로 생물학적인 단나무가 있었고, 고대 단군조선 사회의 종교적 심성이라는 틀에서 보는 단나무의 의미는 자연물이면서도 숭배를 이끌어 내는 대상으로 보였던 것이다. 영험한

오른편에 자세히 그린 모사도를 살펴보면 곰과 호랑이라는 것이 자세히 드러난다. 본래의 그림의 신단수에는 검은 새가 날아와 앉아 있는 모습이 확실히 묘사되어 있다. 열매가 과장되게 묘사되어 있고 새와 동물이 깃드는 우주수의 모티브를 보인다.

장천 1호분의 〈백회기악도〉 및 〈사냥도〉가 같이 그려져 있는 큰 그림 중에서
왼쪽의 웅심산(熊心山)과 산위의 신단수 그림과 사냥도를 자세하게 분석한 모사도.

존재, 제단, 또는 제단 주위에 존재하는 나무라는 의미의 신神자를 붙여서 신단수가 된 것이다.

신단수, 또는 단나무와 같이 신神이 오르내리는 나무, 신단수 아래에 새로운 신앙적 도시가 만들어 지는 공간적, 신앙적 중심의 역할을 하는 나무는 전 지구적으로 나타나는 문화인류학적 현상으로 '우주목Cosmic Tree' 혹은 '세계수'라 한다. 프랑스의 수목인류학자 자크 브로스는 "시공간적인 이유로 인해 거의 서로가 영향을 미칠 수 없었던 문명권들 내에서 우주목과 관련된 신앙과 제도가 존재한다는 사실을 발견할 수 있다"고 한다. 지구상에 여러 고대 사회에서 우주목 신앙과 제도가 존재하는 인류 보편성이 있다는 것은 "동일하지는 않지만 최소한 비교 가능한 하나의 사유양식에서 파생하였다"고 할 수 있는 것이다.

고구려 고분벽화에 신단수가 그려져 있다는 사실은 굉장히 흥미롭다. 단군의 개국 연대는 기원전 24세기(기원전 2333년)이고 단군신화의 신단수가 그려진 고분의 축조 시기는 기원후 5세기경이므로 약 2,800여 년의 시간 격차가 있는 것이다. 각저총(씨름무덤)의 널방 안쪽 벽화의 씨름그림 왼편에 있는 나무 그림에는 왼쪽에 호랑이가 오른편에 곰으로 판명되는 동물이 그려져 있고(그림 2-2), 가지에는 검은 새가 날아와 앉아 있는 형상을 보여주고 있다. 그 열매가 중요했던 것으로 보이는데 아주 과장되어 있는 같다(그림 2-2).

장천 1호분의 사냥 그림 왼편에는 조그맣게 묘사된 산위에 나

고대 및 중세의 만주와 한반도는 많은 지역이 산지였고, 중세 이전에는 활엽수의 숲으로 덮여 있었던 것으로 보인다. 고려나 조선시대에는 인간의 정착지 주변에 소나무와 같은 침엽수들이 많이 있어서 소나무를 주요한 목재로 사용한 것으로 보인다. 산지 비율이 높고 숲으로 덮인 평지도 많았던 덕분에 숲의 동물의 수도 상당히 많았던 것으로 보인다. 숲의 최종 포식자 중의 한 종인 곰은 주로 만주에 살았던 맥족의 토템이었을 뿐만이 아니라 17세기 청나라의 만주족의 8기(旗)군에 편입되어 청나라의 엘리트층을 구성하였던 퉁구스족, 허저족, 오로첸족 등에도 곰 숭배의 문화가 발견된다.

무가 있고, 그 아래의 굴속에 곰이 들어가 있다(그림 2-3). 이름하여 웅심산熊心山 묘사이다. 고구려의 고분벽화를 그린 화인畵人은 이렇게 자신들의 시대 보다 적어도 2,000년은 앞서서 존재했던 시대의 신화를 그대로 보전하고 있었고 그것을 그대로 그리고 있는 것이다. 이렇게 13세기 고려시대에 불교인 일연이나 유학자 이승휴에 의해서 한문으로 묘사된 것을 그대로 반영하고 있다는 사실도 아주 흥미로운 일이다.

　　고구려가 예맥조선의 주요 인족중의 하나인 맥족에서 유래되었다고 한다. 그 맥족의 토템이 곰이었던 같다(그림 2-4). 고구려의 제천행사인 동맹에서 수도인 '국내國內' — 현재의 지린성 지안集安 —의 동쪽에 있는 굴, 국동대혈國東大穴에 나무로 된 신襚神을 모셔서 압록강으로 가지고 나오는 제의가 있었다는 데에서도 볼 수 있다. 구당서舊唐書와 같은 중원 사서는 고구려가 단군으로 해석되는 가한신可汗神을 기자신箕子神과 함께 제사했다는 기록을 남기고 있다. 이러한 고구려의 문화는 고구려 벽화를 그린 화인에게는 일상적인 지식이었을 것이다.

 한국인과 숲의 문화적 어울림

제3장

조선의 국가 제사 속에 숨어있는 수목숭배

예치禮治의 나라 조선

　조선시대는 단연코 유학이나 유교의 영향이 크게 돋보인다. 중원으로부터 유교나 유학이라는 문화가 만주와 한반도로 들어온 것은 고구려, 백제, 신라, 가야 등이 있던 시대 이전부터라고 할 수 있을 것이다. 그런데 그 이후로 들어온 불교가 삼국시대나 고려시대까지 크게 문화적 영향을 끼쳤다고 보아도 좋을 것이다. 물론 신라 말의 대학자 최치원의 증언처럼 한국 고대의 토착신앙도 '현묘한 도道'의 수준에 있었다는 것은 충분히 감안해야 한다. 고려는 태조 왕건이 불교문화의 요소로 국가의 통합을 이루어가게 유훈을 한 것과 대조적으로 조선은 유학을 중심으로 사회의 통합을 이루어 나갔다고 할 수 있다. 고려와 조선의 국가 제사를 살펴본다면 고래의 토착신앙의 요소를 불교적으로 혹은 유교적으로 통합해 가는 양상들이 발견된다.

고대국가이거나 중세국가이거나 아니면 심지어 근세 국가인 조선에 있어서도 국가 제사는 굉장히 중요한 종교-정치적 역할을 담당하였다. 이는 선사시대로부터 내려오던 제정일치사회의 문화가 지속된 것으로 특히 동북아시아 사회에서 아주 중요한 상징적 의미 및 문화적 의미를 가진다. 국가 제사는 그 제의의 대상에 따라서 세 가지로 분류할 수 있는데, 첫째는 하늘에 대한 제사인 천제天祭이고, 둘째는 자연에 대한 제사인 지제地祭, 셋째는 인간조상에 대한 인제人祭가 될 것이다.

인간조상에 대한 제사는 왕실의 정통성과 위엄을 나타내는 것으로 가장 중요한 제사중의 하나였다. 그 나라를 개국한 시조始祖에 대한 제사는 어느 국가에서나 중요한 제사였을 뿐만이 아니라 왕실의 질서를 유지하는 아주 중요한 장치이기도 했다. 이것은 고려의 태묘太廟에서나 조선의 종묘宗廟라는 사당과 그 제사에서 잘 드러난다. 개국이후에 국가의 체제나 문물이 안정되면 그 왕조는 언제나 선대 왕조의 시조들에게도 제사를 지냈다. 고구려의 예를 들면 중원의 사서 구당서에서 가한신으로 언급하는 단군과 기자로 판명되는 기자신에 대한 제사를 드림으로 해서 고구려가 계승한 국가들의 시조에 제사지내는 사당도 세우고 제사를 모셨다. 조선도 예외는 아니라서 단군과 기자, 신라의 박혁거세, 가야의 수로왕 등에 대한 제사를 모셨다.

동북아시아 문화의 정수를 예禮라고 규정해도 될 정도로 예제는 중요한 문화적 측면을 가지고 있다. 성리학을 사회이념으로 가지면서 유학을 숭상하던 조선의 지도층은 국가 제사 및 국가 행사를 유학적인 양상으로 변모시켜나갔고 토속신앙적인 요소, 불교적인 요소 및 풍수학적인 요소들을 유교적 예제禮制의 형식으로 통합하였다. 조선이라는 나라는 개성에 있던 고려의 수도를 지금의 서울로 옮기면서 중원의 예제의 원칙에 따라 좌묘우사左廟右社의 원칙으로 정궁인 경복궁의 동쪽에는 종묘를 세우고 서쪽에는 사직단社稷壇을 쌓는다. 물론 고려에서도 수도 개경開城에 태묘太廟가 있었고 사직단이 있었다. 조선이 개국 시 사직단을 세울 때에는 당대의 새로운 중원의 대국인 명明의 예제를 기본으로 하였다. 명나라의 태조는 주원장으로 현재의 난징南京에서 1368년 명나라를 세우고 몽골의 원나라세력을 북쪽으로 몰아내었다. 명나라는 주원장의 사후에 1421년에 수도를 난징에서 베이징으로 옮겼다.

사직대제

사직社稷은 나라나 국가와 동격으로 쓰던 말이다. '사직을 세운다'거나, '사직이 위태롭다'라는 말이 자주 사용된 것은 어떤 국가

그림 3-1. 사직대제의 봉행 모습

매년 9월 셋째 일요일에 덕수궁에서부터 사직단에 이르는 왕의 행차(御駕行列)와 함께
연속된 사직대제가 봉행되고 있다. 사직대제에는 춤(일무)과 음악이 곁들여 진다.

의 주권과 실체를 사직이라는 말로 쓰는 것을 뜻한다. 조선시대
나 고려시대를 묘사하는 역사드라마에서 이런 말을 자주 듣게 되
면서도 별로 이상한 느낌을 받지 않는다. 그만큼 사직이라는 말
은 아주 많이 듣던 말이었고 그러한 역사적 무게가 단어 속에 들
어가 있다.

그런데 사직에 대해서는 실제로 그 이상으로 알려져 있지 않
다. 전주이씨 대동종약원과 문화재청의 노력으로 종묘가 유네스
코 지정 문화유산으로 지정되고 종묘대제 자체가 종묘제례악과

한국인과 숲의 문화적 어울림

그림 3-2. 1930년대의 조선의 사직

지금과는 사뭇 다르게 1920~1930년대의 사직단의 주변은
소나무숲으로 조성되어 있고 엄숙한 분위기를 자아내고 있는 것을 볼 수 있다.
자료출처 :『조선고적도보』, 1915~1935년 사진.

함께 유네스코의 무형유산으로 지정되면서 전 세계인의 관심의 대상으로 알려져 있는 반면에 사직대제는 알려 진 바가 상대적으로 적다(그림 3-1). 그런데 산림문화의 시각에서나 자연에 대한 외경심의 현대적 재구성과 토지에 대한 배려라는 면에서는 종묘보다는 사직에 더욱 주목해야 한다.

조선 태조 이성계는 서울의 서백호西白虎 인왕산 아래의 자리에 사직단을 쌓게 하고 친히 살펴볼 정도로 사직단 쌓는 데에 관심을 기울였던 것으로 보인다. 사직단은 현재의 서울 사직동에 있는 사직공원 자리에 쌓았고 여러 차례 보수되었다. 사직서社稷署

그림 3-3. 조선 후기의 서울의 모습을 지도화한 수선전도(首善全圖) 속의 사직단

조선의 정궁인 경복궁의 오른쪽, 곧 북쪽에서 보아 오른편에 해당하는 백호(白虎)인
인왕산의 동쪽 사면 아래에 해당되는 자리에 '사직(社稷)'이라고 표기되어 있다.

한국인과 숲의 문화적 어울림

라는 예조 예하의 관청도 있었다. 토지의 신을 의미하는 사社를 위한 사단과 곡식의 신을 의미하는 직稷을 위한 직단으로 두 방형 단이 동서로 세워져 있고, 북쪽에서 들어가서 제례를 지내도록 되어 있다.

조선시대에는 사직단 주변이 소나무숲으로 둘러 싸여져 있었던 것으로 보인다(그림 3-2). 이것은 1920~1930년대를 반영하는 일제강점기 조선총독부가 주도하여 만든 조선고적도보의 사진에도 반영되어 있어서 주위가 현재의 요란한 스타일의 느낌을 주는 것과는 달리 엄숙함과 장엄함을 주는 환경으로 조성되어 있었던 것으로 보인다. 사직단의 동쪽의 마을의 이름이 송림동松林洞이라서(그림 3-3), 소나무숲속에 둘러싸여 있었던 사직단을 연상케 한다(그림 3-2 참조).

사직제례는 특히 명나라의 종주권을 인정하고 제후국의 수준에 맞게 국가 제사 중에서 하늘 제사, 곧 천제天祭를 폐지했던 조선에게 있어서는 특별한 의미를 가지고 있었다고 할 수 있다. 겉으로는 천자의 나라로 중원을 높이면서도 자주권을 그대로 유지하는 형식을 취했던 조선의 속사정을 읽을 수 있다. 영고, 동맹, 무천과 같은 고대 사회의 제천행사들과 토속신앙에서 하늘 제사에 대한 전통이 몇 천 년을 이어온 한민족에게는 자연 및 땅에 대한 제사인 지제地祭가 하늘 제사를 대신하는 문화적 변형이 일어날 수밖에 없었던 것으로 보인다. 조선 초기 태조에서 태종에 이르는 시기에는 천제가 있었고, 세조 때에는 신하들의 반대를 무

그림 3-4. 사직단의 동단(東壇)에 해당하는 사단(社壇)위에 제물이 진설된 모습

사직대제에는 토지의 신에 해당하는 사(社)에 대한 제사와 곡식의 신인 직(稷)에 대한 제사가 병행된다.
토지의 신을 태사(太社)로 명기한 위판이 보인다.

릅쓰고 실제로 천제를 지냈다. 조선 전기에 사직제에 하늘에게
비를 비는 기우제나 홍수가 나면 기청제를 지낸 사례는 무수히
많았고, 조선 후기 영정조대에 이르러 사직제로서 천제의 기능을
상당한 정도 회복한 흔적도 나타난다. 그것이 1897년 고종이 원
구단을 세우고 하늘에 제사를 지내면서 대한제국을 선포하고, 모
든 국가 제사와 행사를 황제국 양식으로 고친 것이 오늘에 이르
고 있다. 제후국 형식이었을 때에는 사직단의 위판의 이름이 '국
사國社'와 '국직國稷'이었지만 오늘의 제사에는 '태사太社'와 '태직太稷'

한국인과 숲의 문화적 어울림

조선 왕실 자손 중에 황사손이 왕이 직접 거행하는 친제(親祭) 형식으로 대한제국 사직대제를 거행하고 있다.
사직단 주변에는 전통 오케스트라의 연주가 진행되고, 북쪽에서 문무(文舞)와 무무(武舞)의 일무가 추어진다.

로 쓰고 있는 것에서 황제국 위상의 유제를 확인할 수 있다(그림 3-4). 현재에는 사직대제도 매년 9월 셋째 일요일에 전주이씨 대동종약원의 명예총재인 황사손이 왕의 친제親祭 형식으로 제례를 봉행하고 있다(그림 3-5).

수목숭배의 유산

사직社稷이라는 말이나 그 이중 단壇 형식에 대한 것을 동북아 시아의 역사로 거슬러 올라가면 주로 현재의 산시성陝西省 시안에 도읍을 정했던 주周나라로까지 더듬어야 한다. 주나라는 기원전 11세기 현재의 중부중국의 서쪽에서 기원하는 주족周族이 세운 나라로 이들이 화하족華夏族의 근원이 되었다고 믿는 사람들이 많다. 기원전 7세기의 공자가 그 국가제례의 근본을 정리할 때 과거의 이상적 모델로 세웠던 나라가 분봉국가인 주나라이다. 이들이 곡식의 신으로 믿고 숭배했던 것이 바로 직稷이다. 우리가 주식으로 생각하는 현재의 쌀과는 달리 중원이나 만주-한반도의 고대 사회는 기장농업을 통해서 인구를 부양했다. 기장이 대표되는 곡식이었던 것이다. 따라서 직은 농업을 상징하고 곡식을 상징하는 면이 강하다.

만주-한반도의 단군조선의 경우와 마찬가지로 기원전 11세기 이전의 중원에서는 국가를 상징하고 사회를 표상하는 토지의 신이 있었다. 이것은 우주수라는 전 지구적으로 보편적인 문화적 현상이다. 그런데 기원전 11세기 이전의 중원의 고대 국가인 상商나라나 그보다 이전의 전설적인 국가인 하夏나라에서는 그 토지의 신이 거대한 나무였던 것이다. 그래서 큰 나무가 있으면 하나의 국가가 있는 사회를 의미 했었고, 토지를 대표하는 신인 사社가 이미 등장해 있었던 것이다. 중원의 수목숭배 전통에서 사社라

는 성스러운 신체와 공간이 탄생한 것이었다. 그것이 논어의 팔일장에 정리되어 있는데, 하나라는 중국소나무松를 사로 삼았고, 상나라는 측백나무栢를 사로 섬겼으며, 주나라는 밤나무栗를 사로 섬겼다고 한다. 사라는 글자가 나오는 중국의 고전을 분석하면 사社라는 것이 사라는 토지의 신이면서도, 사회의 구성원들이 함께 모이는 자리, 여러 종교-정치적 집회가 열리는 자리, 심판이나 사형집행이 이루어지는 공간 등으로 쓰이고 있다. 그런데 주나라에 와서 고래로 내려온 사를 섬기는 제사에 주족의 신인 직을 섬기는 제사가 가미되었고, 그 단도 주나라 이후로 정착된 것으로 보인다.

말하자면 사社라는 토지신이 먼저이고 이후에 직稷이라는 곡식신이 포함되었으며, 이후에 배위配位로 후토신과 후직신의 네 신에게 드리는 제사가 된 것이다. 그러한 형식이 조선의 사직단과 사직대제에도 반영되어 있다. 그러므로 사단이 동쪽에 있고, 더 먼저이며 그 제사를 지내는 사람도 친제 때의 왕이 아니면 섭제攝祭의 제주가 하는 것이다. 시간적으로 우선한 유산이 그대로 드러난다.

조선 후기 정조대에 활동했던 진경산수화의 대가 정선의 그림에 〈사직노송社稷老松〉이 있다(그림 3-6). 정선은 지방관으로 일하는 외에는 서울의 백호에 해당하는 인왕산 주변에 살던 사람이다. 그의 그림 〈삼승조망도〉를 보면 북쪽의 삼승정에서 바라본 남쪽과 서쪽의 모습이 묘사되어 있는데, 그 오른편에 사직이라고 표기도 해 두고 있을 정도로 사직단에 대해서 잘 알던 사람이었던 것으로 보인다. 그의 사직노송은 사직단의 동북쪽 경내에 해당하는 사직서의 안향청 들어가는 길목에 있던 토지신의 신체인 소나무Pinus densiflora를 그린 것으로 해석된다. 정조대에 편찬된 사직서 의궤를 살펴보면 이러한 해석이 잘 들어맞는다(그림 3-7).

서울에 왕실과 국가의 사직이 있었다면 조선팔도의 지방 거의 모든 읍치邑治의 서쪽에는 반드시 사직단이 있었다. 전국에 사직단을 만들어서 유교식으로 풍수학적인 토속신앙과 불교적인 신앙적 배경까지도 통합하려 했던 조선사회의 특성이 드러난다. 부산의 사직구장이 있는 자리도 읍치의 서쪽에 있었던 사직단에서 사직동이라는 이름이 생긴 것으로 보인다.

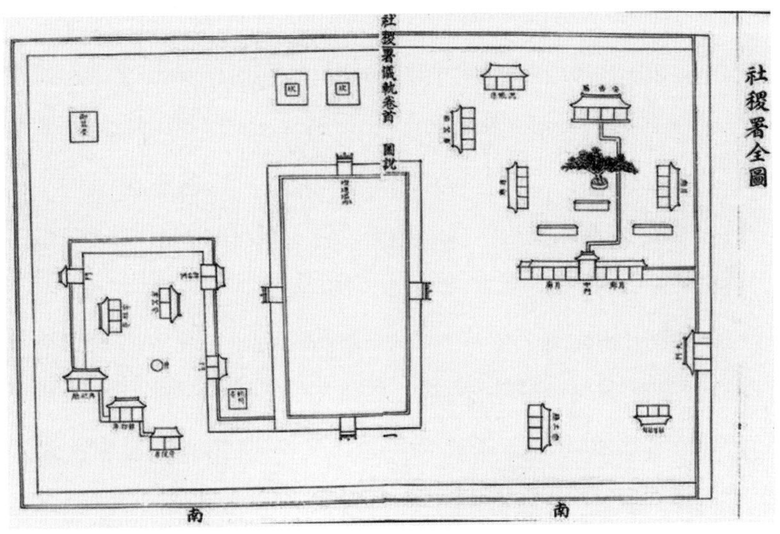

그림 3-7. 조선 사직의 경내도

조선의 정조대에 편찬된 사직서의궤에 포함된 경내도이다. 사직의 재실인 안향청의 앞에 소나무가 표기되어 있다. 이 소나무를 정선이 그린 것으로 추정된다. 일제강점기에 도로를 내면서 사직서 경내가 많이 파괴되었고 사직노송도 사라진 것으로 보인다. 이후에도 근대화 과정에서 의해서 사직서 주위는 1930년대 까지도 소나무숲으로 둘러싸인 조선의 송림동(松林洞)의 숭엄한 경관과 분위기를 창출하지 못하는 방식으로 개발되었다.

중원식의 사직단은 통일 신라 시대의 선덕왕대(784년)에 당唐나라에서 한반도로 들어온다. 당나라에서는 사직이 가장 큰 국가 제사大祀가 아니라 다음의 국가 제사中祀로 밀려나 있었지만, 통일 신라는 사직 제사를 국가 제사 체계에서 가장 상위의 대사大祀로 편재한다. 그리고 중원식의 사직 제사의 도입 이전에 만주와 한반도에는 고유한 토지신 혹은 수목신에 대한 제사 체계가 이미 존재하고 있었던 것 같다. 신라는 중원에는 없는 삼산三山 제사를 대사로 편재하는 등으로 원래의 토속 산신山神신앙에서 출발한 제사 제도를 근간으로 당나라의 예제를 수용한 것 같다.

고구려는 당나라의 제도를 받아들이지 않았을 것으로 추정되는데,『삼국지』「위서 동이전」에 따르면 중원의 사직에 해당하는 제사제도가 고구려의 건국 이전의 국주國主 비류부(소노부)에서부터 있었다고 한다. 또한 비류부는 고구려의 사직과는 독자적인 사직과 종묘 제사를 드린 것으로 기록하고 있다. 이것은『제왕운기』에서 비류로 표기된 4부족 연맹체의 주도 부족, 곧『삼국사기』고구려 본기에서 송양松壤으로 대표되는 비류국에 사직에 해당하는 것이 있었다는 것을 의미한다. 이러한 고유한 전통의 측면이 조선의 사직의 사社나무를 사직서 경내에 위치시키는 것으로 나타난 것으로 보인다. 그리고 조선 후기 정조대의 사직 제사에 일부의 천제의 기능을 회복시키는 조치의 배경에도 고유한 수목숭배가 은연중에 드러난 것으로 보인다.

사직의 상위의 숭배대상이 토지신이었고, 그 토지신의 신체는 토지를 대표하는 거대한 나무였다는 것은 환경의 시대에 아주 흥미로운 모재를 제공해 준다. 자연에 대한 외경심을 현대적으로 재구성할 때 고대 사회의 유제에서 그리고 거의 숨겨져 있다시피 한 조선의 사직노송에서도 구할 수 있을 것이라는 기대가 생기기 때문이다. 숨겨져 있던 것이 드러나서 새로운 상징과 문화적 함의를 가지게 되기를 바란다. 또한 고려와 조선의 왕목王木임과 동시에 조선의 사직수社稷樹, 또는 사수社樹였던 소나무를 바라보는 시각이 굉장히 달라진다. 소나무의 문화적 중요성이 더욱 깊어

지는 것이다. 영어명칭을 한국붉은소나무Korean red pine으로 하자
는 깊은 문화적 배경은 여기에 있다.

제4장

송하유물松下遺物과 계루·동모산의 소나무

추모왕의 송하유물

우리는 고구려를 건국한 사람을 '주몽'이라고 알고 있다. 몇 해 전에 큰 각광을 받았던 텔레비전 드라마의 제목과 같다. 하지만 2,000년 전의 고구려 말 혹은 부여 말의 음가가 정확히 주몽이었을 것인가에 대해서는 별로 큰 장담을 하지 못하는 편이다. 아마도 주몽이라는 한자표기를 그대로 한국어로 읽는 발음은 아마도 후대에 붙여진 것이 아닌가 생각된다. 주몽朱蒙은 12세기 고려 인종대에 중원의 송宋나라를 다녀왔고, 북방의 금金나라가 흥기하는 것을 지켜보고 있던 김부식이 쓴 『삼국사기三國史記』 고구려 본기 첫 구절에 근거한 이름이다. "(고구려)시조 동명성왕東明聖王의

일제강점기 때에 찍은 현재의 지린성 지안(集安)의 광개토대왕비.
5세기 고구려 장수왕이 세운 비석의 첫머리에는 시조 추모왕으로 표기하고 있다.
자료출처:『조선고적도보』, 1915~1935년의 사진.

성은 고高요, 이름은 주몽이다." 그리고는 부기해 놓은 음가가 있다. "추모鄒牟라고도 하며, 중모衆牟라고도 한다." 이것은 고구려가 기원전 37년 홀승골 혹은 졸본 — 현재의 지린성 환런桓因 — 에 세워지고 1,200년이나 되는 시간적 격차가 있는 것이다.

고구려의 시조에 대한 언급이 있는 5세기 고구려인들의 기록에는 주몽보다는 '추모鄒牟'라고 되어 있다. 광개토왕비의 첫 문장이 바로 그것이다[惟昔始祖鄒牟王之創基也](그림 4-1). 장수왕이 세운 광개토왕비는 현재의 압록강 중류 만포 건너편에 위치한 고구려의 도읍 국내國內 — 지린성 지안集安 — 에 있다(그림 2-1). 보통은 국내성이라고 부르기도 하지만 국내國內는 현대의 우리나라 지명에 남아있는 송내松內, 주내州內, 평내平內 등과 같이 고구려식의 지명 붙이기 방식인 것 같다. 시조 추모왕이 고구려를 건국한 것이 기원전 37년이고 그의 아들 유리가 홀승골에서 국내성으로 천도한 것이 기원후 3년이다. 장수왕은 427년에 고구려의 수도를 국내성에서 현재의 평양 동부지역인 대성산성 아래의 안학궁 지역으로 옮겼다. 따라서 고구려 건국 후 5세기까지만 해도 그들의 시조를 부르는 발음이 추모에 가까웠을 것이다.

추모왕이 남쪽으로 이주하여 고구려를 세우는데 그가 출발한 근원지는 어디였을까? 『삼국사기』는 그곳이 기원전 1세기 무렵의 동부여의 변방정도 되었을 것으로 시사하고 있고, 추모왕이 그곳에서 예禮 씨 성을 가진 부인과 결혼하여 남자아이를 얻었고 그 이름이 유리類利 혹은 유류孺留였다고 기술하고 있다. 기원전 1세기 무렵의 동부여의 변방지에서 아버지를 보지 못하고 어린 시절을 보내면서 성장한 유리는 어머니 예 씨에게 아버지에 대한 이야기를 해달라고 조른다. "네 아버지는 보통사람이 아니었는데, 이 나라에 용납되지 못해서 남쪽으로 도망가 나라를 세우고 왕이 되셨다. 떠날 때 나를 보고 '그대가 만일 사내를 낳거든 그 아이에게 내 유물을 일곱 모난 돌 위 소나무 밑에 감추어 두었으니[我有遺物 藏在七稜石上松下] 만일 그것을 찾아낼 수 있는 사람이면 곧 내 아들이라고 말하라' 하셨다고 어머니 예 씨는 아들에게 말한다(『삼국사기』고구려본기, 「유류명왕조」)." 유리의 반응이 어떠

했을까? 아버지를 찾아보기 위해서는 아버지 추모왕이 남긴 '송하유물松下遺物'을 찾아야 했다. 그는 동무들과 함께 온 산을 뒤지고 엄청나게 많은 곳을 찾자 다녔을 것이다. 아마도 너무 찾기 힘들어 거의 포기하다시피 했을 것이다. 그런데 "어느 날 아침 큰 집 마루위서 기둥과 주춧돌 사이에서 무슨 소리가 나는 것 같기에 가서 살펴보니 주출돌이 일곱 면으로 되어 있었다─旦在堂上 聞柱礎間若有聲 就以見之 礎石有七稜]. 곧 기둥 밑을 찾아서 부러진 칼 한 토막을 얻었다[乃搜於柱下 得斷劍一段 遂持之](『삼국사기』 고구려본기, 「유류명왕조」)." 기원전 1세기 추모가 동부여의 대소형제에게 미움을 받아서 무리를 이끌고 남서쪽으로 이주하면서, 백두산에서 발원하여 북으로 흐르는 북류 쑹화장松花江을 건너고, 혼강 혹은 동가강이 있는 졸본(환런)에서 건국하는 영웅담saga과는 또 다른 하나의 설화가 유리왕에게 있는 것이다.

유리의 영웅담과 당구지락

유리왕의 영웅담에는 몇 가지의 산림문화적인 측면이 내포되어 있다. 산림문화 특히 목재를 이용한 가옥구조에 대한 함의가 들어가 있다. 첫째 유리왕의 영웅담속의 큰 목재건물은 주춧돌을 세우고 그 위에 소나무기둥을 세우는 형식의 높은 건물堂이었다

그림 4-2. 장대통직한 소나무

—

살아있는 소나무(松)와 목재로 사용되는 소나무에는 생물학적인 의미와 함께 인간-숲 상호작용의 좋은
사례가 감추어져 있다. 장대통직한 소나무는 아름다운 멋을 선사한다(문경 새재).

한국인과 숲의 문화적 어울림

그림 4-3. 문화적 복원에 이용되는 소나무 목재

소나무는 백여 년의 세월을 거쳐서 경복궁의 정문인 광화문을 복원하는
데에 사용될 정도로 한국의 문화와 목재문화재에 깊게 결부되어 있다.
광화문 복원의 상량식 장면의 장대통직한 소나무 목재.

는 것이다. 기둥목으로 들어간 목재를 송松으로 표기하고 있다.

둘째 이러한 측면은 고구려의 건국이전 혹은 건국 무렵인 기원전 1세기경에는 일곱 모로 다듬어서 주춧돌로 삼고 나무기둥을 세운 큰 목재 건물이 존재 했을 것이 분명하다는 것이다. 현대 한국인이 좋아하는 소나무는 조선시대에 아주 높이 통직하게 자라는 나무를 골라서 오랫동안 키워서 건축재, 선박재, 왕실 황장목(관곽재) 등으로 사용했다(그림 4-2). 한반도의 중남부에서도 장대통직한 소나무는 인간의 밀집거주지와는 아주 먼 오지에 해당하는 지방에서 많이 자라고 있었다(그림 4-2). 인간의 거주지가 발달한 지역이나 선박을 건조하기에 가까운 연해 지방에서는 당면한 목적에 맞는 장대통직한 소나무들이 벌채되어 사용되었다. 최근에는 거주지 주변이 아닌 오지에서 자라는 장대통직한 소나무들이 교통과 기술의 발달로 인해서 광화문과 같은 전통 목재 건물의 복원에 사용되고 있다(그림 4-3). 추모왕이 고구려의 건국지인 혼강 주변으로 이주하기 이전의 동부여의 변방 지역에도 소나무 송松자로 표기할 만한 나무가 벌채되어 건축물의 기둥으로 사용된 것이다.

추모왕과 유리왕이 남서쪽으로 이주하기 전의 원래의 본거지의 문명과는 대조적인 측면이 추모왕의 설화에 들어 있다. 추모왕의 건국 영웅담에는 "궁실을 지을 겨를이 없어서 비류수沸流水에 갈대지붕집을 엮어서 지어 거기서 살면서 나라의 이름을 고구려라 하였다[而未遑作宮室 但結盧於沸流水上居之 國號高句麗](『삼국사기』 고구려본기, 「동명성왕조」)"고 말하고 있다. 본문 결로結盧의 '로盧'는 '갈대蘆'와 바꾸어 쓸 수 있는 글자이다. 말하자면 목재가옥에 기와 같은 고급지붕 얹어서 짓는 집이 아니라 초가집처럼 지붕을 갈대로 엮은 집을 지어서 궁실宮室을 대신해서 검소하고 소박한 건국초의 생활을 영위했다는 것이다.

『후한서』나 『삼국지』 「위서 동이전」에는 고구려에 "원래 다섯 부족 소노부(연노부), 절노부, 순노부, 관노부, 계루부桂樓部가 있었고, 본래는 소노부에서 왕이 나왔으나 지금은 계루부에서 왕위를 차지하고 있다"고 기술한다. 그런데 추모왕과 그를 따라 남천한 무리들은 계루부이다. 다른 네 부족은 선주先住 집단으로서 모두 '노奴' 혹은 『삼국사기』의 '나那'자가 마지막에 나오지만 (연나부, 관나부 등) 왕의 부족인 계루부는 계루桂樓로 오히려 읍루挹婁, 혹은 부루夫婁 처럼 '루婁'로 끝나는 말로 되어 있다. 읍루는 중원의 후대 사서에서 말갈의 조상으로 파악되고 있는 것처럼 보이면서 만주 동부 장광차이링長廣才嶺 너머 부여의 동북쪽 지역에 거주하던 사람들이다. 또한 계루부 고구려 이전에 네 부족 중에 소노부에서 최고 지도자가 나왔다는 것이다. 이주 집단의 수장 추모와 선주 집단의 수장 송양과의 경쟁을 암시한다.

추모와 추종세력이 남천한 출발 본거지는 동부여의 변방이었을 가능성이 아주 크다(그림 5-1 참조). 동부여의 중심지를 두만강 북동지역 전반이라고 한다면 추모와 유리의 계루부 본거지는 그보다 북서쪽이면서 장광차이링 남동쪽 지역으로 보아도 무방할 것이다. 고향에 같이 남아 있던 예 씨와 유리의 삶에서 계루 부족의 큰 집이 있었다는 것을 볼 수 있다. 계루라는 지역이름이 되기도 하는 것인데, 당대의 동부여 해부루와 대소에게 신속하고 있었던 것으로 보인다. 이렇게 역사 기록과 지리에 근거해서 추정을 해 보면 예 씨와 유리가 살았던 집, 혹은 유리가 아버지의 송하유물을 찾았던 목재건물이 현재의 지린성 둔화敦化 지역에 존재했을 가능성이 높다.

'당구지락堂構之樂'이라는 사자성어는 아버지 대에서 설계하고 모색한 큰 건물堂 혹은 비전을 아들이 실천하는構 즐거움을 일컫는 말이다. 구약성서에서 다윗왕의 고난과 비전을 솔로몬이 계승하고 발전시켜 엄청난 번영을 이루는 것과 같은 것이다. 홀승골(졸본)에서 동쪽의 국내로의 천도 같이 유리왕이 만들어 낸 큰 변화도 아마 추모왕대의 고구려 건국의 비전이 반영된 것이었을 것이다. 400년이 흘러서 광개토왕대에 만들어낸 큰 국가의 비전을 장수왕이 국내에서 동평양 천도로 이루어 냈는지도 모른다. 북서방의 요서지방, 북동방향의 동부여, 남방의 백제와 왜를 평정한 광개토왕의 업적을 기리기 위해 세운 광개토왕비는 그의 아들 거련, 곧 장수왕이 세운 것이다(그림 4-1 참조). 북서방 선비족의 나라 북위北魏에 보낸 백제 개루왕의 국서에 대한 응징으로 400년의 백제왕성 풍납토성을 무너뜨리고 개루왕의 목을 베었으며, 그의 아들 문주왕이 위례에서 웅진으로 천도하게 만드는 백제사의 격변을 만들어 낸 것도 장수왕이다.

계루와 동모산의 소나무

7세기 고구려가 당과 신라의 협공으로 와해된 후 약 40년간의

한국인과 숲의 문화적 어울림

어려운 시절이 있었다. 그다음에 대조영이 고구려를 계승하는 발해라는 나라를 세우는 건국 영웅담이 또 있다. 대조영이 건국한 건국지역이 동모산이라고 한다. 당唐나라 군사들과 천문령 전투를 치르고는 "대조영이 마침내 그 무리를 거느리고 동으로 가서 계루부의 옛 땅을 차지하고 동모산에 웅거하여 성을 쌓고 살았다[祚榮遂率其衆東保桂樓之故地 據東牟山 築城以居之](『구당서』 북적, 「발해말갈조」)." 계루부의 고지故地에서 동모산이 선택된 것이다. 동모산을 현재의 지린성 둔화敦化로 말한다. 구당서에는 대조영에게는 발해군왕渤海郡王이라는 당나라의 외교적 작호가 내려진 바 있고, 이후에 산둥성의 덩조우를 공격받은 바 있는 당나라의 현종이 대조영의 적자 대무예를 계루군왕桂樓郡王으로 봉했다는 기록이 있다. 발해와 계루를 같이 본 것일까? 그런데 계루는 고구려의 왕 부족이었지 않은가? 중원의 사서들은 하나같이 발해를 끌어 내리려는 경향을 보인다. 발해 건국 초기에 대조영에게 천문령 참패를 겪었고, 그의 아들 대무예에게는 산둥반도의 중심지인 덩조우와 해안에 가까운 내륙을 공격받았던 당나라였다. 이후의 신당서는 '계루의 고지'를 '읍루의 고지'로 바꾸어 기술하고 있다. 읍루는 말갈의 선조로 지목되는 곳이라서 이것을 폄하하려는 의도를 보인 것으로 보아도 무방할 것 같다. 발해의 고구려 계승을 인정하지 않는 태도를 보인 것이 당대의 당나라 사람들이었던 것 같다.

1960년대 미국 산림청의 연구개발부서에서 낸 문헌에 『세계 소나무류의 지리적 분포*Geographic Distribution of the Pines of the World*』라는 소나

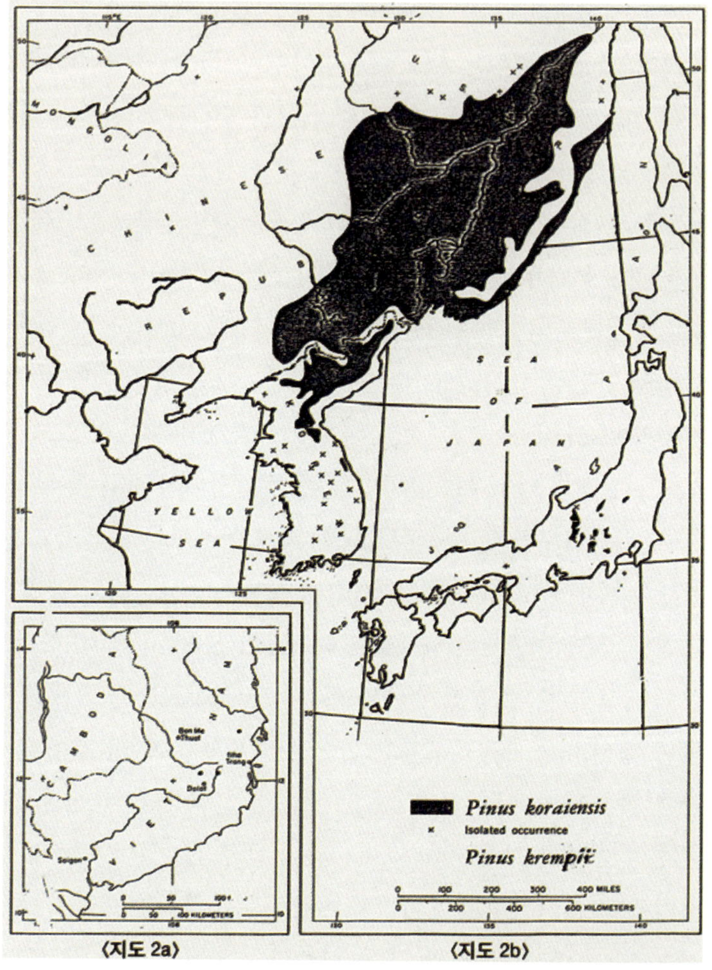

그림 4-4. 잣나무의 천연분포

잣나무는 남한 지역의 백두대간 지역의 고산지역에 분포하면서 북한의 함경도 고산지대를 위시하여
그 이북의 만주 지린성과 헤이룽장성 전역과 함께 러시아 연해주 프레모아 지역으로 까지 분포하고
있다〈지도 2b〉. 역사적으로 발해와 금나라가 흥기한 지역과 일치한다.
자료출처 : W. B. Critchfield · E. L. Jr. Little, *Geographic Distribution of the Pines of the World*, 1966.

무류 분포지도집이 있다. 그 지도집의 〈지도 2b〉는 학명에 한국이라고 명기된 잣나무Pinus koraiensis의 천연분포도이고, 〈지도 33〉은 소나무Pinus densiflora의 천연분포지도이다(그림 4-4, 4-5). 미국 산림청 태평양남서시험장의 유전학자인 윌리엄 크리치필드William B. Critchfield와 워싱턴 DC의 산림청 본청 산림경영연구부 수목학자 엘버트 리틀 주니어Elbert L. Little Jr.가 정리·작성한 이 지도는 캘리포니아대학 버클리캠퍼스에서 재직한 같은 시대의 러시아계 소나무속 전문가 니콜라스 마이로프Nicholas T. Mirov 교수의 도움을 입었다고 쓰고 있다.

천연분포 〈지도 33〉에서 소나무는 개마고원을 제외한 한반도 전역과 홋카이도를 제외한 일본의 대부분 지역에 분포하는 것으로 나타나는데 압록강 지역에는 없는 것으로 나타나 있고, 홍미롭게도 두만강 북쪽의 현재의 지린성 연변 자치주와 헤이룽장성 무단장 지역 및 징박호 지역까지도 천연분포 하는 것으로 나타나고 있다(그림 4-5). 물론 계루부의 옛 땅인 동모산이 있는 둔화 지역과 발해 상경 닝안과 두만강-동해안의 중경까지를 모두 포함하고 있다. 그리고 잣나무는 중부 및 동부 만주 발해 지역 대부분을 차지하고도 남으며 현재의 러시아령 연해주까지 이어져 있다. 발해는 궁궐에서도 온돌을 사용한 것을 보여주는 나라이다.

계루를 통해서 연결되는 것은 상당하다. 고구려의 시조 주몽과 발해의 시조 대조영을 연결시킨다. 고구려의 시조 추모왕이 그의 부인 예 씨와 유리에게 징표로 남긴 부러진 칼은 일곱 면 주

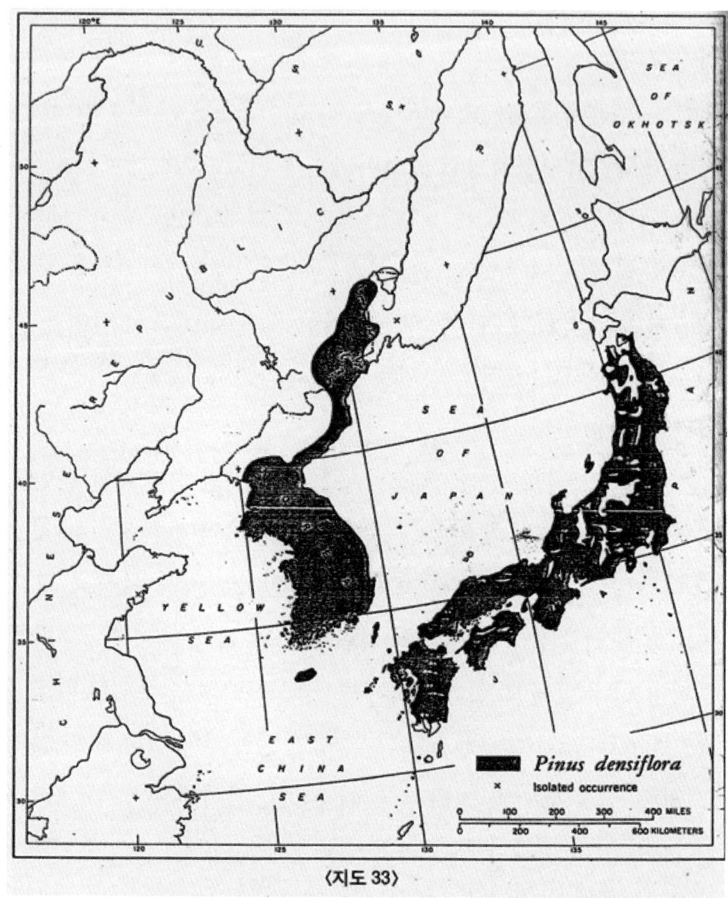

〈지도 33〉

—

그림 4-5. 잣나무와 소나무의 천연분포

—

천연림의 분포란 제한적인 의미이지만 인간의 손이 닿지 않고도 발견되는 소나무숲의 존재를
지리적인 데이터로 정해서 지정해 두는 것이다.
소나무는 개마고원과 압록강 지역을 제외한 한반도 전역에 분포하고
홋카이도를 제외한 일본 열도 전역에 분포한다〈지도 33〉.
자료출처 : W. B. Critchfield · E. L. Jr. Little, *Geographic Distribution of the Pines of the World*, 1966.

춧돌위에 소나무 기둥으로 된 큰 가옥의 존재와 맞물려 있고, 그 큰 가옥은 계루에 있었다. 소나무의 천연분포도는 현대의 추정으로도 계루 지역에 속하는 둔화 지역까지를 포함한다(그림 4-5).

발해의 고조 대조영은 다시 그 고구려의 왕족 계루의 옛 땅에 발해를 건국한다. 아마도 계루와 동모산의 소나무와 잣나무를 베어서 궁실을 짓고 온돌장치가 있는 침전을 지었을 것이다. 발해의 도읍지, 궁성 및 다른 큰 도시들은 소나무의 천연분포지로도 설명이 된다. 2,000년 전 고구려가 건국될 때의 기후나 1,300년 전 발해가 건국될 때의 기후가 지금과 차이가 얼마나 나는 가에 따라서 소나무의 천연분포지역도 더욱 북쪽으로 올라가거나 조금 내려 올 수도 있었을 것이다. 물론 계루의 평지와 산의 천연림에서 자라는 잣나무도 이용해서 가옥을 지었을 것이다(그림 4-4). 현재 중국에서는 장대통직한 잣나무를 홍송紅松이라고 하며 중요한 건축목재로 이용하고 있다.

발해와 신라의 잣은 당나라에 유명해서 바다를 건너온 소나무 과실이라는 뜻의 해송자海松子라는 이름을 중원에서 얻었다. 만주-한반도의 잣은 중원에서도 유명했다.

가옥을 짓는 데에 한국붉은소나무Korean red pine, Pinus densiflora를 이용한 것은 유리왕의 영웅담에 등장하는 것만으로 해도 2,000년은 족히 된다. 큰 목재가옥을 지을 수 있었던 기원전 1세기 추모왕대 계루의 소나무와 7세기 대조영대 동모산의 소나무는 얼마나 크고 장대통직 했을까?

제2부

—

산림동물과 수렵문화

제5장

『시경詩經』에 그려진 한韓, 산림동물 그리고 후조선

한반도의 한韓

　대한민국大韓民國이 성립되기 이전의 한반도의 나라 이름은 조선이었다. 조선의 26대왕인 고종高宗은 1897년 원구단을 쌓고 하늘에 제사지내고 황제국을 세계만방에 공포하고 국호를 대한제국大韓帝國이라고 하였다. 독립국임을 선포한 것이었다. 고종 시대의 사람들은 새로운 독립국이며 황제국인 나라를 대한大韓으로 부르고자 했다.

　1905년 을사보호조약으로 초대 통감 이토 히로부미가 부임하고 1907년에 대한제국의 군대는 해산되었다. 독립을 보장하겠다던 공표와는 다른 행동이었기에 1909년 10월 26일 대한의군大韓義軍 참모중장 안중근은 이토 히로부미를 전쟁 중의 적의 괴수로 보아 사살해 버렸다. 대한제국의 군대가 해산되자 생겨난 대한의군! 독립전쟁의 일환이었다. 1919년 비폭력적 만세운동인 3·1운동 이후에 상해에는 대한민국 임시정부가 생겨난다. 대한이라는 어법은 중원의 한족의 나라 명明이나 북방의 거란의 나라 요遼가 대명大明이니 대요大遼니 하고 붙이는 어법과 같은 것이다.

가장 중요한 것은 한韓이라는 한자어로 표기된 그 실체라고 할 수 있을 것이다. 올림픽이나 월드컵과 같은 스포츠경기에서 대한민국을 외치는 젊은 세대에게도 한국의 의미는 한자어로 된 그 실체에서 의미를 더욱 찾을 수 있을지도 모른다.

기원전 3세기에서 기원후 1세기의 만주와 한반도의 여러 고대 국가를 묘사하는 『후한서』나 『삼국지』 「위서 동이전」에도 한韓 조항이 있고 그 세 종족을 삼한三韓으로 구분하여 묘사하고 있다 이름하여 마한馬韓, 진한辰韓, 변진弁辰이라고 되어 있다. 마한은 서쪽으로 54소국, 진한은 동쪽으로 12소국, 변진은 진한의 남쪽으로 12소국으로 되어 있었다고 한다. 이 삼한의 위치를 말해주는 언급은 "낙랑의 남쪽에 마한이 있었고, 마한과 진한 변진 모두 왜倭와 통한다"는 것만 있다. 과거의 식민사학의 영향으로 낙랑樂浪의 위치를 현재의 평양과 대동강주변으로 고정한 채로 위치비정이 모두 한반도 중남부 지역으로만 되어 있었다.

이렇게 부르는 어법과는 달리 신라 말의 지성 최치원은 마한이

고구려가 되었다고 지칭한다. 기원전 3세기에서 기원후 1세기에
는 낙랑의 남쪽에 마한이 있었는데 고구려의 남쪽 한반도에 낙랑
이 있었으면 마한이 남북으로 나뉜 것일까? 그러면 그 이전에 마
한이라는 실체가 있었던 것일까? 이러한 모순을 어떻게 해결해
야 할까? 돌파구는 산림동물에 있다.

중원의 한韓

한반도와 만주 지역을 묘사하는 중국 사서에 나온 한韓과는 다
른 중원의 한韓이 또 있다(그림 5-1). 그보다도 아주 오래전의 기원
전 11세기의 중원中原의 주周나라는 상商을 이기고는 전국에 제후
국을 분봉하여 세운다. 분봉한 제후의 작위 서열은 공후백자남 公
侯伯子男이다. 『사기』를 지은 사마천에 따르면 한韓이라는 지명의
기원은 한韓의 헌자獻子 한궐韓厥에게서 유래한다.

현재의 샨시성山西省 진청晉城현에 있던 진이 기원전 5세기 전국
시대에 쪼개어져서 조趙, 위魏, 한韓이 된다(기원전 403년). 이때에 비
로서 한韓이라는 국가가 생기고 제후국 한韓의 최고지도자 이름
도 후侯자를 붙이는 것이 공인되었다. 황하는 북쪽의 네이멍구 자
치주 중부에서 샨시성山西省을 동서로 양분하면서 남쪽으로 흘러
내려 오다가 다시 동쪽으로 완전히 꺾어져서 동쪽으로 흘러간다.

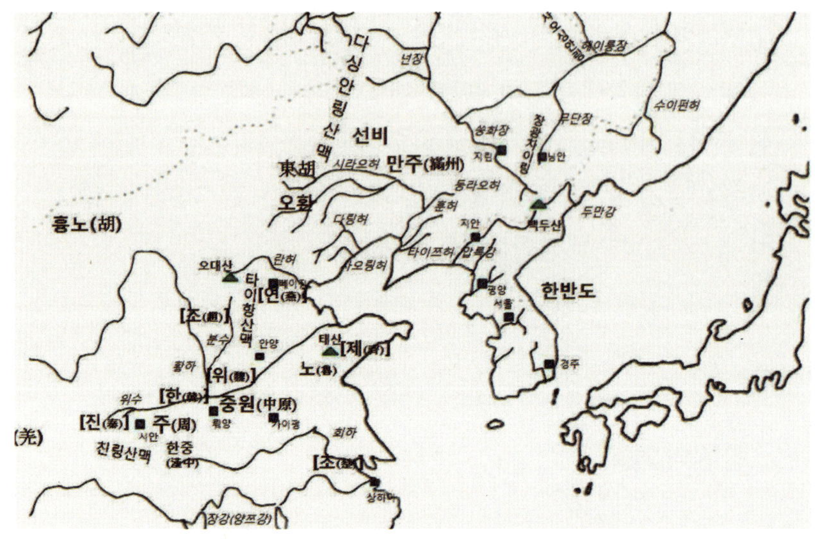

그림 5-1. 서주(西周), 춘추시대 및 전국 시대의 중원의 고대 국가들과 만주-한반도

고대의 중원(中原)은 황하와 양쯔강 사이의 현대 중국의 중부 지역이라고 할 수 있다. 신석기 후기부터 농경이 발달한 지역으로, 전설적인 제왕인 요임금과 순임금을 거쳐서 우임금을 시조로 하는 하나라가 있었다. 하나라의 중심지보다 동쪽에 있던 족속인 상(商)족에 의해서 상나라가 하나라를 대신하고 후대를 은(殷)에 도읍하여 보통 은나라 부른다. 이러한 은나라를 극복한 현재의 시안 지역의 주(周)족이 기원전 11세기경에 중원을 제패하고 천자의 나라가 된다. 서안 지역에 충심을 두고 있던 주나라는 약 300여 년 후에 도읍을 현재의 뤄양[洛陽]으로 천도하는데, 주나라의 초기부터 이때까지의 시기를 '서주시대'라고 한다. 「한혁」이라는 시가 묘사하는 시기는 서주시대 말기에 해당한다. 뤄양에 도읍을 둔 시대는 제후국들이 천자의 권위를 잘 인정하지 않는 시대가 되고 이러한 시대를 춘추시대라고 한다. 공자가 서주의 분봉국인 노나라의 역사를 정리하여 『춘추』라는 책을 썼는데 그 책에서 '춘추시대'라는 시대의 명칭이 유래하였다. 기원전 5세기에는 중원의 각 지역의 과거의 제후국들이 왕을 자칭하면서 개별적 국가로 발돋움하여 중원의 지배권을 놓고 전쟁을 벌이는데 이를 '전국시대'라고 한다. 중원에서는 전국시대에 와서야 한이 정식으로 등장한다. 시기적으로는 중원의 서주시대에서 전국시대에 이르는 시기의 만주와 한반도에는 고고학적으로 비파형동검 문화를 가진 여러 족속 및 국가들이 존재하는 시기이다. 『제왕운기』의 전조선과 후조선의 시기 구분 중 후조선에 해당한다. 이 그림의 서요하와 베이징 사이의 지역은 도하(屠何)로 지칭되기도 하였고 후대에는 도하(徒何)로 표기되기도 한다.

황하가 서쪽의 지류인 위수渭水나 뤄양洛陽 주변의 낙수洛水들이 합
치는 이 지역은 중원의 역사에서 아주 중요한 지역이다. 전국시
대 한韓은 현재의 샨시성의 서남쪽, 곧 황하가 양분하는 샨시성의
서남쪽 귀퉁이, 산시성陝西省과 접경 지역에 있는 현재의 한청현韓
城縣의 지역이고 그 지역의 평지는 한원韓原으로 부르기도 한다.

한국인과 숲의 문화적 어울림

산시성 북동쪽 서안에서 위수를 건너서 북동쪽으로 가면 되는 다른 분봉국들보다는 가까운 지역이었다. 산시성의 황하를 건너면 동쪽에 춘추시대 강국이었던 진晉나라가 있었는데, 그 나라가 전국시대 초기 쪼개어 지면서 한韓이 나타난 것이다.

『시경詩經』의 한韓

『시경詩經』이라는 동양의 고전에도 한韓이 등장한다. 공자는 주나라의 시가들을 수집하여 『시경』을 엮었다고 한다. 주나라의 도읍과 여러 분봉 지역의 노래들(국풍, 소남, 주남, 패풍, 용풍, 위풍, 왕풍, 정풍, 제풍, 위풍, 당풍, 진풍, 회풍, 빈풍)이 수집되어 있다. 송나라 신유학의 대가 주희朱熹의 『시경집주』에 의하면 대아大雅와 소아小雅편에 묶인 아雅 형식의 시가는 주로 주나라 성왕成王시대의 조정이나 교묘郊廟 — 왕실과 국가의 사당 — 의 음악의 가사라고 한다. 주나라 종묘의 음악은 『시경』에서 주로 송頌으로 묶여 있다. 주나라의 2대 성왕은 어릴 때 왕위에 올라서 아버지 무왕의 동생들인 섭정자 주공周公 단旦과 소공召公 석奭의 보필을 받아서 상나라에서 주나라로 교체되는 시기에 정치적 안정을 기하고 주나라의 문물을 정비한 왕이다.

그런데 이 『시경』의 대아大雅편에 「한혁韓奕」이라는 시가가 있다. 「한혁」이라는 시가에는 '한후韓候'라는 인물이 주인공이다. 이 시가는 한후가 주나라의 분왕汾王 때에 조정에 입조하는 모습과 함께 분왕의 질녀, 궤보의 딸을 아내로 받는 것을 묘사하고 있다. 그런데 이 「한혁」의 분왕을 주나라의 10대 여왕厲王으로 보는 경우가 많다. 주나라 여왕은 정치를 잘못하여 샨시성의 분수 가의 체彘땅으로 쫓겨 가서 여생을 보낸다. 그래서 기원전 841년에서 828년의 왕이 없는 공화共和 시대가 이루어진다. 그가 말년을 분수가에서 살았기 때문에 나중에 분왕으로도 불렀다고 한다. 그러면 「한혁」은 분왕이 주나라의 수도에 있었던 때인 기원전 841년 이전을 그리고 있는 것이 된다. 또 한편으로 「한혁」의 분왕을 주나라 11대 선왕宣王으로 보는 사람도 있다. 그래도 기원전 828년 이후의 일이기 때문에 기원전 9세기 정도로 볼 수 있다.

그러므로 『시경』의 한후가 어떤 인물이면서 그 한韓나라는 어떤 나라인가에 대한 논란이 있다. 또한 역사학적으로도 굉장히 중요한 사실을 내포하고 있다. 우선 「한혁」의 분왕이 바로 여왕이나 선왕이라면 「한혁」이 묘사하는 시대는 기원전 9세기 정도가 된다. 그런데 한궐에서 시작된 중원의 한의 지도자가 제후로 불리는 것은 기원전 5세기의 경후景候이다. 기원전 7세기 춘추시대의 한궐으로부터 7대가 지난 이후이다.

이러한 사실에 근거하면 『시경』에 나온 한韓은 서주시대 말기에 해당한다(그림 5-1 참조). 「한혁」이 묘사하는 한후의 시대인 기원전 9세기에는 중원에는 한나라도 존재하지 않았고, 따라서 한후

한국인과 숲의 문화적 어울림

라고 불릴만한 정치 지도자도 없었다. 다시 말하면 중원의 한나라 가 한후라는 이름으로 불리기까지 적어도 수백 년의 시간 격차가 나는 것이다. 이후에 전국시대 후기에 한韓 선혜왕이 나왔는데 기원전 3세기 진秦나라에 의해서 중원이 통일될 때에 한나라도 중원에서 사라진다. 법가法家의 비조중의 한 명인 한비韓非, 혹은 한비자韓非子라고 하는 인물도 이 중원의 한나라의 사람인데 기원전 약 280년에서 233년까지를 살았고, 진시황시대에 진에 잡혀가서 죽었다.

한후의 나라 후조선과 산림동물

주나라의 조정과 국가 사당에서 연주된 음악의 가사를 모은 것이 대아와 소아에 편집되어 있기 때문에 「한혁」은 한후라는 지도자가 자신의 본거지에서 주나라의 조정이 있는 곳인 현재의 시안으로 방문하러 왔던 것을 음악으로 표현한 것을 노래한 시가인 것이다. 「한혁」이라는 시가의 뒷부분을 살펴보는 것이 좋다.

(한후의 장인) 궤보는 매우 용감하여 가보지 않은 나라가 없고
딸 시집보낼 곳을 찾아보니 한나라만한 곳이 없더라네
蹶父孔武 靡國不到 爲韓結相攸 莫如韓樂

끝없는 한韓의 땅이여 시냇물 못물은 넘쳐흐르고 방어와 서어가 뛰놀며

사슴 떼가 뛰놀고 곰과 말곰 많으며 살쾡이 호랑이도 많구나

가서 살 곳 영받으니 궤보딸 기뻐하네

孔樂韓土 川澤訏訏 魴鱮甫甫 麀鹿噳噳

有熊有羆 有貓有虎 慶旣令居 韓姞燕譽

커다란 저 한韓의 성은 연나라 백성들이 완성한 것이네

선조가 받은 명을 받들어 수많은 오랑캐를 다스리시니

왕께서 한후에게 예족의 땅과 맥족의 땅을 하사하셨네

溥彼韓城 燕師所完 以先祖受命 因時百蠻 王錫韓侯 其追其貊

북쪽나라를 모두 어루만져 그들의 백伯이 되셨고

성 쌓고 호를 파고, 밭정리하고 부세하였으며

이젠 진귀한 비가죽, 붉은표범가죽, 누런말곰가죽 바치네

奄受北國 因以其伯 實墉實壑 實畝實籍 獻其貔皮 赤豹黃羆

이렇게 기원전 9세기 한후로 지칭되는 사람의 주나라 방문에 얽힌 일을 가지고 노래한 「한혁」이라는 노래가사는 추 혹은 퇴로 읽는 족속과 맥족貊族의 땅을 치리하는 특정한 한韓의 지도자를 노래한 것이다. 추 혹은 퇴로 읽는 한자追는 예濊족을 의미한다고 보는 사람도 있어서 이에 근거하면 한후는 예맥을 통치하는 사람으로 해석된다.

'한의 높고 큰 성韓城'은 예맥을 통치하는 사람이 기거하는 큰 성으로 해석된다. 그런데 그 지리적 위치를 암시해 주는 구절이 있는데 그것은 연나라 백성 혹은 군사燕師들이 쌓았다는 것과 이것이 많은 오랑캐를 다스리는 북국北國이었다는 것이다. 사마천의 『사기』는 하북성 언사와 후대에 베이징에 위치한 연나라에 대해서 기원전 11세기의 주나라 2대 성왕대의 연소공의 기사만 있고 그 이후의 9대는 기록하지 않고 있다. 공화정이 시작된 시기에 연 혜후가 나타난다. 그런데 북쪽의 족속들의 공격을 많이 받는 것으로 묘사되고 있다. 그리고 기원전 7세기 춘추시대 초기에 제나라 환공이 연나라를 구원하여 북방족속을 몰아낸다. 북방의 연나라는 그렇게 전국시대 이전에는 그렇게 강력한 분봉국가가 아니었던 것이다. 또한 전국시대의 전국 7웅 중에서도 그렇게 강력한 나라가 아니었다고 『사기』에서 사마천은 평하고 있다.

그리고 「한혁」에서는 한후가 도屠 땅을 거치는 것으로 묘사되고 있다[韓侯出朝 出宿于屠]. 이 도屠 땅은 도하屠何로 볼 수 있어서 호胡, 맥貊, 적狄으로 불리던 주나라의 북쪽에 살던 족속들이 거주한 요서 지역을 의미한다(그림 5-1). 따라서 주나라의 최고 북단에 속하는 연燕의 북동쪽에 있었던 예맥족의 어떤 나라를 한韓이라고 지칭했던 것으로 밖에 볼 수 없다. 그래서 후대의 중원의 왕조가 주변의 다른 나라들을 분봉한 것과 같은 국제외교관계에서 예맥족의 지도자를 한후로 부르고 그 나라의 종주권을 인정하는 의미로 예족과 맥족의 땅을 하사 하였다는 노래를 한 것이다.

산림문화의 시각에서 보면 더욱 이러한 컨텍스트가 더욱 더 신
빙성을 얻게 되는데, 그것은 한후가 주나라 천자(왕)에게 바치는
헌물이 모두 산림동물이라는 점이다. 너구리 비피貔皮, 붉은표범
赤豹 혹은 그 가죽, 말곰黃羆 혹은 그 가죽을 바치는 것으로 나온다.
또한 딸을 주는 궤보가 다녀온 한韓의 땅의 묘사에서도 "시냇물
못물은 넘쳐흐르고 방어와 서어가 뛰놀며"라면서 강들이 있으며,
"사슴 떼가 뛰놀고 곰과 말곰 많으며 살괭이 호랑이도 많구나"하
면서 숲에 사는 동물들을 많이 얻을 수 있음을 묘사하고 있다.

예맥족을 산림문화 혹은 수렵문화와 연결하는 것은 춘추시대
초기인 7세기 에도 있었다. 기원전 685년에서 기원전 643년까지
재위한 제나라의 환공을 패자로 만든 사람이 관중管仲이라는 사
람인데 그의 제자들이 썼다고 전해지는 관자管子에 '발조선發朝鮮
의 문피文皮'에 대한 언급이 있다. 춘추시대 중원의 패권을 처음으
로 쥔 사람, 곧 춘추 5패 중의 첫 주자는 현재의 산둥반도 지역에
위치한 제齊나라의 환공桓公이었다. 제나라 환공이나 관중은 공자
와 동시대 사람이다.

사마천의 『사기』 제태공세가에 따르면 환공이 중원의 패자로
올라서자 태산에 올라 하늘에 제사를 받드는 봉선封禪을 하려고
했다. 곧 천자로서의 즉위를 하려고 했는데, 관중이 먼 지방에서
진귀한 보물들이 도달해야 그렇게 할 수 있다고 말린 것이다. 그
진귀한 보물 중의 하나가 발조선의 문피文皮라고 관자는 밝히고
있다. 발發이라는 말은 맥貊과 바꾸어 쓸 수 있는 것으로 알려져

표범가죽 48개로 짠 양탄자로 뒷면에 대학제국의 황실 문양인 오얏꽃[李花]이 그려져 있다. 고종 당대만 해도 경복궁에 호랑이가 침범하여 난리를 피웠다는 기록이 있어서 100여 년 전에는 한반도에도 호랑이나 표범이 많이 존재했다는 것을 알 수 있다.
자료출처 : 『연합뉴스』, 2010.5.26

있어서 맥족의 조선과 동일한 것이 된다.

문피文皮는 당대에 아주 얻기 힘든 조선산 표범의 가죽을 의미한다(그림 5-2). 관중의 언급은 연나라의 북동쪽에 있던 조선이 정통성을 갖춘 중원의 주인에게 보물을 헌사 할 정도가 되어야 천자에 오를 수 있다는 의미였다. 조선에서 나는 진귀한 산림동물의 가죽이 이러한 정치적 의미를 가지는 것이었다.

200여 년의 시간차를 두고 「한혁」이라는 시에 등장하는 주나라 조정을 방문하는 지도자의 한韓과 춘추시대 초기 제齊의 환공의 고사에서 등장하는 조선朝鮮은 산림동물의 존재와 그 가죽이 진귀한 보물이었다는 사실로서 하나로 묶여 진다.

그러므로 『시경』의 「한혁」에서 그려지는 한후는 주나라의 북동쪽 분봉국 연燕과 인접해 있던 조선에서 중원의 시안으로 방문하여 주나라 왕을 알현한 후조선, 또는 예맥조선의 지도자인 것이다.

한韓은 만주-한반도가 원조

기원전 9세기의 『시경』의 한韓이 만주-한반도의 나라라는 사실에 기초하면 기원전 3세기에서 기원후 1세기의 한반도의 한韓/ 삼한과의 연속성이 확연하게 드러난다. 『삼국지』「위서 동이전」을 쓴 진수와 『후한서』의 「동이전」을 쓴 범엽이 모두 공자 시대의 『시경』의 어법에 근거하여 한韓으로 쓴 것이다. 이것은 단군조선을 이어 나타난 후조선 혹은 예맥조선과 한韓이 서로 바꾸어 쓸 수 있다는 사실과 조응을 이룬다.

한과 조선이 같은 것이기 때문에 중원中原에서 춘추시대와 전국시대에 나타났던 한韓나라는 그 원조가 만주-한반도에 있는 것이다. 그리고 이것은 대부분의 동북아시아의 문명이 중원에서 발전하여 사방으로 전파되었다는 것과는 상반되는 강력한 증거중의 하나가 되기도 한다. 조선의 족속을 한韓으로 불렀던 것이다.

그리고 『삼국지』 「위서 동이전」의 한韓조에 기원전 194년 위만에게 패한 후조선의 왕인 준準이 "그의 근신과 궁인들을 거느리고 도망하여 바다를 경유하여 (기원전 2세기) 한韓의 지역에 거주하면서 스스로 한왕韓王이라 칭하였다[將其左右宮人走入海, 居韓地, 自號韓王]"는 기사가 제대로 의미를 띤다. 그리고 준왕이 떠난 왕검성이 있던 낙랑樂浪을 대동강이 아니라 요하, 태자하, 혼하의 세 강이 흘러드는 요동 지역으로 비정하면 낙랑의 동남쪽에 고구려가 있었고, 준왕도 발해와 서해라는 '바다를 경유하여' 한반도의 중서부로 남천한 것이 된다. 그러면 마한에서 고구려가 유래하였다는 최치원의 말도 논리적으로 맞는 것이 된다. 마한의 54소국 중에서 발전한 나라가 고구려가 되는 것이다.

100여 년 전에 근세조선의 고종이 대한大韓이라고 제국의 이름을 정한 것이 근세조선의 연장이었던 것은 기원전 9세기의 한韓, 기원전 7세기의 후조선, 그리고 기원전 3세기의 한韓의 역사적 연속성과 같은 것이다. 이러한 연결고리를 찾을 수 있게 해주는 것이 산림동물이고 수렵문화이다. 이제는 민국民國이 된 대한大韓이여 영원하라!

제6장

호랑이로 보는 한국의 부여 전통

부여

　부여라는 말을 들으면 우리는 먼저 한반도의 중서부 충청남도의 특정 지역을 떠올리게 된다. 부여夫餘라? 역사공부에 충실한 사람이면 부여의 옛 이름을 사비泗沘인 것으로 기억하고, 당대에는 신생국가였던 중원의 당唐나라와 신라의 협공을 받아서 그 왕조의 명맥이 끊어져 낙화암의 전설을 가지고 있다고 알고 있다. 부여라는 단어로는 백제百濟의 마지막, 곧 기원후 7세기(660년) 한국 고대사 속의 뒷부분을 먼저 연상하고 기억하는 것이다. 그런데 아마 이것은 이보다 300여 년 후의 10세기 통일신라의 마지막의 마의태자의 전설을 연상하는 것과 마찬가지 인지도 모른다.

통일신라 말기, 또는 신라말기와 고려 초기를 보는 관점에 따라서 다르게 생각하는 것과 같다.

백제가 세워진 것은 기원전 1세기이다(기원전 18년). 백제의 첫째 왕인 온조와 형인 비류가 같은 어머니에서 난 형제였고, 자신들의 고향이며 본거지였던 만주-한반도 접경 지역에서 한반도 서부로 남하하여 왕조를 개창하였다. 한반도 서부의 기존 세력인 마한馬韓세력을 극복하여 지역의 맹주가 된다. 그리고 고구려의 장수왕의 남하 전쟁에 의해서 백제 문주왕 때인 472년에 4세기 이상을 웅거했던 왕성인 위례(서울의 풍납 토성)를 버리고 웅진熊津, 현재의 공주로 남하하고, 다음의 70여 년 후인 백제 성왕대(538년)에 정착한 곳이 사비泗沘, 또는 소부리였다. 그곳의 현재의 지명地名이 바로 부여이다. 성왕이 사비로 천도한 후에 택한 국호도 남부여南夫餘였다.

현재의 중국 지린성 북부의 넌장嫩江 주변에 부여夫餘라는 한자를 같이 쓰는 지명이 있다. 중국어로는 푸유라고 발음을 해야 한다(그림 6-1). 서북쪽 다싱안링大興安嶺산맥에서 흘러내리는 눈강넌장과 백두산에서 발원하여 북쪽으로 흐르는 북류 쑹화장松花江이 만나는 지역에 위치해 있다. 현재의 지린성의 성도인 장춘에서 곧바로 북쪽으로 가면 되는 곳이다. 이곳에 이렇게 지명이 남은 것은 대단한 일이다. 고구려의 멸망 이후에 발해의 부여부가 주변에 있었던 것에서 유래한 것으로 보인다. 서쪽의 다싱안링산맥의 산록 바로 아래에서 흥기하여 발해를 멸망시킨 거란遼이나 이

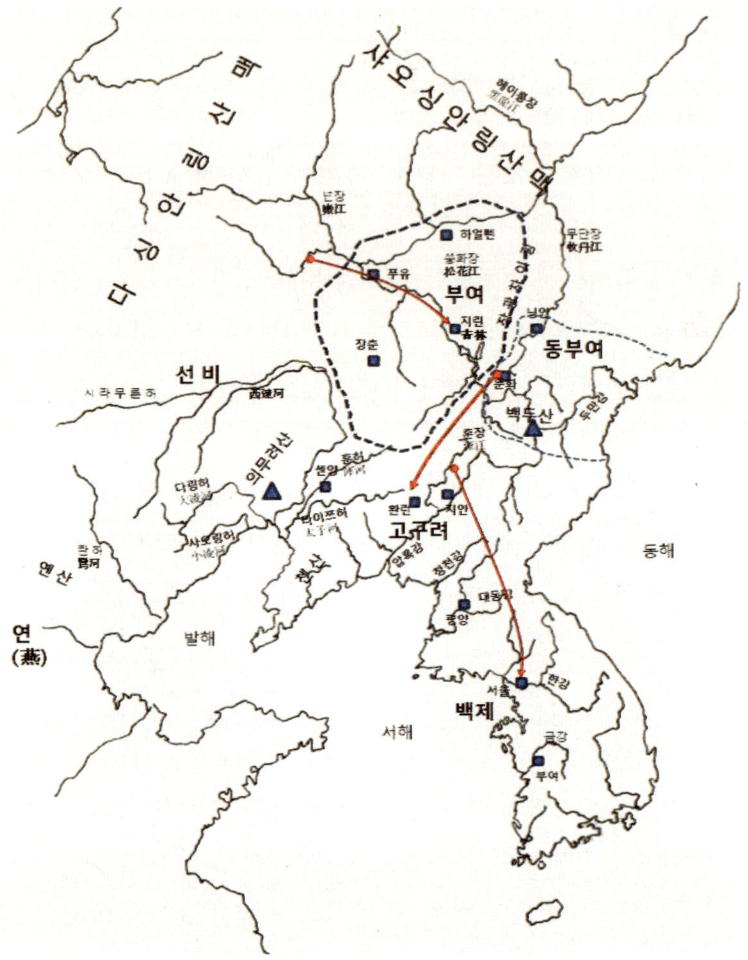

그림 6-1. 부여라는 고대국가의 지리적 위치와 건국 시조의 남천(南遷)

기원전 3세기 이전 고리국(또는 탁리국)의 동명은 동남쪽으로 남하하여 북류 쑹화장(제2 쑹화장)의 중류에 위치하는 녹산으로 부르던 지린(지린)을 중심으로 부여를 건국한다. 다싱안링[大興安嶺] 산맥의 동쪽 사면 지역에서 동쪽으로 이동하여 북류 쑹화장[松花江]을 건너 현재의 지린성 지린지역을 중심으로 부여를 건국한 것이며 그림의 화살표는 이러한 이주 경로를 그려준다. 기원전 1세기 무렵 북부여에서 파생된 금와왕의 동부여에서 고구려 주몽 집단이 북류 쑹화장을 건너서남쪽으로 남하하는 건국신화는 고구려 광개토왕비에도 기록되어 있다. 계루(桂累)부는 주몽이 이끌고 현재의 혼강 지역의 비류수 지역(환런)으로 이주해 왔던 부족으로 고구려 다섯 부족 중 가장 이질적인 명칭이며, 다른 네 부족은 나(那) 혹은 노(奴)로 음차된 어미를 가지는 부족이었다. 발해의 시조 대조영은 천문령 전투에서 승리하고 계루부의 옛 땅 동모산에서 나라를 건국하는데, 그 지역을 지린성 둔화(敦化)로 본다. 이 둔화에서 동쪽으로 가면 징박호가 나오고 그 지역에 헤이룽장성 닝안[寧安]이 위치하는데 발해의 수도 상경용천부가 있던 곳이다. 부여와 고구려 지역에서 백제의 온조가 그의 어머니 소서노, 형 비류와 남하하는 경로의 시작이 현재의 혼강 지역으로 보는데 현재의 북한 서부를 거쳐 임진강과 한강 유역으로 남하했다고 보고 있다.

한국인과 숲의 문화적 어울림

후의 발해와 말갈의 후예의 나라 금金을 거쳐서 여러 시대를 거치면서도 이런 이름이 남아 있다.

동명과 부여라는 고대국가

만주-한반도 역사에서 온조의 백제 건국설화와 닮은 신화가 두 개 더 있다. 아마도 백제 건국설화가 모델로 한 전례가 바로 그것들인지도 모른다. 백제 건국설화보다 한 세대, 곧 20~30년 앞선 시기의 것은 고구려 주몽의 건국설화로 주몽이 북부여에서 출자하였는데(기원전 37년), 첫 도읍지 졸본(지금의 지린성 환런)으로 오기 이전의 원래의 근거지가 북쪽, 혹은 북동쪽 동부여에 있었다는 것이다. 잘 살펴보면 주몽도 온조처럼 북쪽에서 남하南下하여 나라를 세웠다. 더욱 중요한 다른 하나는 적어도 200여 년은 앞서는 것으로 실제로 가장 처음의 부여이면서, 북쪽의 나라로부터 출중한 사람이 남하하여 큰 강(지금의 북류 쑹화장, 또는 제2쑹화장)을 건너 지금의 지린성 지린吉林에 도읍을 정하는 건국설화이다. 이 부여는 중원 사료를 분석하면 최소한 기원전 3세기부터 나타난다.

이 원조 부여 건국설화의 주인공의 이름이 '동명東明'이다(그림 6-1). 고구려의 주몽왕 보다 적어도 200여 년을 앞서 있는 이 부여의 첫째 왕, 또는 시조의 이름이 동명인 것이다. 부여 동명왕의 전례를 따라서 12세기에 씌어진 『삼국사기』에 고구려의 첫째 왕 주몽의 시호가 동명성왕東明聖王이다. 장수왕이 5세기에 세운 광개토대왕비에는 추모왕(주몽왕)이라고 되어 있고 동명성왕이라는 이름은 없다. 『삼국사기』의 것은 부여의 시조이름을 모델로 한 장수왕 이후의 역사 기술에서 비롯된 것으로 추정된다. 부여 동명 설화의 영향력은 아주 컸던 것으로 보이는데, 음가가 비슷하게 고구려의 제천행사 이름도 또 '동맹'이다. 그리고 백제의 온조는 부여 동명의 사당을 짓고 그 근원이 부여에서 시작되었음을 천명하였던 것 같다. 또한 백제에서 자신들의 시조들이 부여에서 근원하였다는 인식은 건국 후 400여 년이 지난 기원후 472년 백제 개로왕이 현재의 산시성 다둥大同에 선비鮮卑족이 세운 나라 북위北魏에 보낸 국서國書에도 나타난다. "신(개로왕)과 고구려는 다 같이 그 근원이 부여에서 나왔으므로[臣與高句麗原出夫餘], 다 같이 선대부터 옛날의 정의를 서로 도탑게 지내왔습니다." 부여는 백제와 고구려가 그 가까운 근원으로 생각한 역사적 모델이었다.

부여는 현재의 만주 동북평원에 자리 잡고 있었다. 부여인은 '백의白衣민족'으로 일컫는 한민족의 조상, 곧 흰색과 흰색 옷을 좋아한 습속을 전해 준 조상들로 기억된다. 부여는 "동이 지역 중에서 가장 평탄하고 넓은 곳으로 토질은 오곡이 자라기에 알맞다"라는 중원사서의 묘사와 같다. 북쪽에는 다싱안링산맥의 북동산록이 자리 잡고 있으며 거기서 남쪽으로 넌장이 흘러오고, 남쪽에서 흘러드는 북류 쑹화장과 마주치는 광활한 평야지역이다(그림 6-1). 서쪽으로는 다싱안링산맥을 넘어서 몽골고원에 접하고 있으며, 보다 서남쪽의 현재의 네이멍구 자치주 동부 및 랴오닝성과 연접해 있었다. 부여의 중심지로 보고 있는 지린吉林 지역은 기원전 9~8세기에 꽃핀 고고학적으로 '서단산 문화'라는 청동기 문화가 있었다. 흥미로운 것은 후기조선 혹은 예맥조선의 표지유물인 고인돌과 비파형동검도 출토되는 지역이라는 것이다.

부여 문화의 중심지 지린의 한자어 옛 이름이 녹산鹿山, 곧 사슴산이다(그림 6-1). 이 사실은 산림문화사적으로 아주 중요한 사실들을 알려준다. 부여는 오곡이 풍성한 평야의 농경문화와 함께 수렵문화가 함께 발달한 고대국가였다는 사실이다. 중원 사서의 묘사를 따라가면 더욱 심화된 모습을 보게 된다. "그 나라 사람들은 체격이 크고 성질은 굳세고 용감하다." "그 나라 사람들은 가축을 잘 기르며, 명마名馬와 적옥, 담비가죽, 아름다운구슬이 산출된다." "활, 화살, 칼, 창을 병기로 사용하며, 집집마다 자체적으로 갑옷과 무기를 보유하였다" 이러한 묘사를 종합하면 수렵문화와 기마민족전통을 말할 수 있을 것이다. "형이 죽으면 형수를 처로 삼는 것은 흉노와 같다"는 묘사는 이를 더욱 뒷받침해 준다. 서단산 문화와 비슷한 시기의 북서쪽 다싱안링산록 밑의 송눈평원에는 '한서-백금보 문화'라는 청동기 문화가 있어서 동명이 발원한 옛 고리(혹은 탁리)국 지역으로 추정하게 한다. 곧 이 한서-백금보문화라는 고고학적 발굴이 이루어진 곳이 지린성의 부여(푸유)에서도 가깝다. 일설에는 주몽고구려 이전의 고구려, 또는 구려가 이 고리에서 왔다고도 한다.

부여가 확연하게 등장하는 기원전 3세기는 중원의 전국시대의 말기로서 진시황의 중원통일(기원전 221년)과 이후의 한나라의 재통일(기원전 202년)이 있었던 세기였고, 부여는 따라서 전국시대 가장 북쪽인 현재의 베이징 부근에 있었던 연燕나라와 다싱안링산록과 현재의 네이멍구 자치주 동부에 살았던 오환烏桓, 선비鮮卑족과 연접해 있었다(그림 6-1). 선비족은 서요하와 곽림하 사이에 집중적으로 거주하고 있었다. 장광차이링산맥을 경계로 그 동북쪽에는 읍루라는 후에는 물길, 말갈로 이어지는 족속이 거주하였다. 동남쪽에는 중원의 사서가 이야기하는 백두산(개마대산) 동쪽 지역의 동옥저東沃沮가 있었다. 수 세기가 지난 기원후 1세기에서 3세기경을 묘사하는 중원의 사서에 따르면 부여는 "남쪽으로는 고구려와 동쪽으로는 읍루와 서쪽으로는 선비와 접해 있었고 북쪽에는 약수弱水가 있었다."

예濊족의 호랑이 토템

최소한 기원전 3세기의 부여와 그 보다 200여 년 후의 고구려와 백제의 건국설화가 닮은 이유는 자명할 것이다. 비슷한 인족ethnic적 배경을 가진 사람들이 나라를 세우는 설화이기 때문일 것

시베리아 호랑이는 현재 만주의 동부, 러시아 연해주 지역에서 한반도 북부 개마고원 일대에 서식하는 것으로 알려져 있으며 시베리아 호랑이가 남한에서는 멸종된 한국호랑이와 같은 것으로 알려져 있다. 여러 문헌적 증거로 보아서는 고대나 중세의 만주와 한반도에는 숲의 동물들이 상당히 수가 많았던 것으로 보이고 그에 따라서 숲 생태계의 최고의 포식자(predator)인 호랑이와 곰이 많이 서식한 것으로 보인다. 숲으로 덮였던 만주와 한반도의 여러 지역에서 호랑이와 곰이 토템으로 숭배되는 것은 자명한 일이었다. 부여나 고구려라는 고대 국가로 편입되지 못하고 남아있던 예족의 경우에 호랑이를 숭배하는 습속을 더욱 강하게 유지한 가능성이 높다(『삼국지』「위서 동이전」; 『후한서』「동이전」). 현재에는 러시아 극동 연해주 시호테알렌 산맥 지역에서 호랑이의 보호가 이루어지고 있다.

이다. 분명하게도 동명의 부여 건국은 위만이 준왕의 조선을 찬탈한 기원전 2세기(기원전 194년)보다 먼저다. 위만이 몰아낸 준왕이 남하하여 한반도 중서부에서 마한왕을 자칭하는 남천 사건 이전의 시기인 것이다. 어떤 중원 기록에는 기원전 11세기 주나라의 첫째 왕인 무왕이 상나라를 이긴 후에 숙신肅愼으로 표기한 나라의 사람들과 함께 부여 사람도 내조한 것으로 기록되어 있기도 하고, 사마천의 『사기』 화식열전에도 전국시대(기원전 480~221년)의 연나라가 "북쪽에는 오환·부여와 접하고 동쪽으로는 예맥, 조선, 진번의 이利를 취했다고 쓰고 있는 것처럼 부여는 오래전부터 중원에 잘 알려진 나라이다. 전국시대 초기에 있었다고 가정하면 적어도 기원전 5세기 정도에 이미 부여가 있었던 것이다. 그래서 이러한 기원전 3세기 무렵을 일컬어 만주-한반도 역사에서 열국의 시대라고 하는 역사가도 있다. 위만조선은 그 열국중의 하나였다고 생각하는 것이다.

북쪽 고리국의 동명이 남하하여 녹산(지린)에 부여를 세울 때는 녹산의 선주 집단이 대부분 예족濊族이었을 것이다. 수백 년 이후 주몽이 고구려를 세울 때에 졸본(환런)에 있던 선주 집단이 맥족貊族이었을 것이다. 온조가 위례에 백제를 세울 때의 한반도 중서부의 사람들은 한족韓族이었을 것이다. 이렇게 기원전 3세기 이전의 예·맥·한의 고대 종족들이 융합된 것이 이후의 한민족일 것으로 추정한다.

기원전 1세기에서 3세기의 만주와 한반도를 묘사하는 중원의 사서(『삼국지』「위서」, 『후한서』「동이전」)에 따르면 부여와 예濊는 비슷하면서도 문명발전 단계가 다른 고대 부족 내지는 고대 국가이다. 중원의 사서에서 부여는 "국토의 면적이 사방 2,000리이며 본래 예濊의 땅이다"라고 묘사되고 있다. 또한 부여에는 "그 도장에 예왕지인濊王之印이란 글귀가 있고 나라 가운데에 예성濊城이라는 이름의 옛 성이 있으니 아마도 본래 예맥의 땅이었는데 부여가 그 가운데 왕이 된 것 같다"고 쓰고 있다. 동명이라는 시조가 나타나 나라를 건국한 지역은 부여가 되고 왕과 귀족이 있는 강력한 고대국가로 발돋움한 것 같다. 그 이외에 같은 인족적 배경을 가지지만 부여에 편입되지 않고 더욱 동남쪽에 치우쳐져서 대군장 정도의 부족국가 형태로 살았던 것이 예濊족인 것이다.

한국 산림문화사에서 중요한 것은 예濊족이 호랑이라는 산림 동물을 토템으로 숭배했던 고대 족속이라는 사실이다(그림 6-2). 그런데 『삼국지』의 「위서」, 『후한서』의 「동이전」과 같은 중원의 사서들은 예족의 묘사에서 "해마다 (음력) 10월이면 하늘에 제사를 지내는데, 주야로 술 마시며 노래 부르고 춤을 춘다. 이를 무천舞天이라고 한다. 또 호랑이를 신으로 여겨 제사지낸다又祭虎以爲神"고 한다. 호랑이 숭배를 확연히 묘사하고 있다. 반면에 같은 시대의 부여의 제천행사의 이름은 무천이 아니고 '영고迎鼓'이다. 그리고 고대 중원의 국가인 상商/은殷의 달력인 은력殷曆 정월에 제천행사를 가졌다. 이것은 음력 2월에 제천행사를 가진 것이 된다. 부여가 호랑이 토템을 그대로 유지했는지는 문헌학 상으로 기록의 확인도 어렵고 확정적 추정이 쉽지 않지만 기원전 3세기의 현재의 지린시 주변의 지역이나 그 동쪽의 산지를 고려해 보거나 주위에 펼쳐진 광대한 숲과 현재의 한국 호랑이(시베리아 호랑이)의 분포 지역 — 한반도 북동부, 지린성, 헤이룽장성, 러시아 연해주 프레모아 지역 — 을 생각하면 부여의 호랑이 토템의 존속을 쉽게 추정할 수 있다.

호랑이 토템의 존재는 부여가 세워지기 이전의 예濊족 단계에

그림 6-3. 조선 후기의 민화에 등장한 호랑이

민화에는 일견 멍청해 보이는 모습의 호랑이와 함께 나무에 앉은 새가 그려져 있다.
민담과 전설을 담은 그림으로 보인다.

서부터였던 것 같다. 예맥濊貊은 중원 사서에서 주로 기원전 8~7
세기에서부터 어떤 때는 독립적으로 다른 때는 같이 붙여서 범칭
되었다. 호랑이 토템이 기원전 3세기 이전부터 존재하던 사실에
근거하면 아주 흥미로운 문화사적 요소를 건져 올리게 된다. 호
랑이 숭배는 "고구려의 영토와 부여의 풍속을 회복하였다"고 천
명한 7세기 말, 8세기 초의 발해를 거쳐서 고려와 조선으로 면면
히 이어져 내려온 것이다.

조선 후기의 민화를 보면 호랑이가 아주 우스꽝스럽게, 혹은
아주 친근한 이미지로 다가오도록 형상화되어 있다(그림 6-3). 보
통 호랑이와 까치가 같이 나와서 까치호랑이그림이라고 한다.
그런데 산림문화라는 시각에서 다시 보면 호랑이와 까치와 소나
무가 그려진 것을 보게 된다. 보통 까치가 소나무가지에 앉아 있
거나, 소나무 뿌리 쪽이나 용틀임하는 지상부에 호랑이가 앉아
있는 것으로 표현되어 있다.

조선시대 대부분의 마을에는 성황당이 있었다. 서낭나무라고
하는 큰 나무들 가까이에 있었다. 마을의 성황당이나 절집의 산
신각에 모신 산신이 있는데 보통 흰 수염을 기른 신선의 모습이거
나 또는 가끔은 호랑이를 산신이면서 성황신으로 여기는 경우도
있었다(그림 6-4). 신선의 모습을 한 산신이 그려질 때에는 호랑이
는 그 산신을 모시는 신령한 동물로 묘사되어 있는 경우도 많다.

예족 및 부여가 호랑이 토템을 가지고 있었다는 사실에 근거하
여 볼 때 근세 조선시대의 민화에 등장하는 호랑이 그림들이나

그림 6-4. 성황으로 모신 호랑이 그림

성황당에 성황(城隍) 혹은 산신령으로 묘사된 호랑이. 뒤에 소나무가 있고 소나무에는 까치 두 마리가 앉아있다. 호랑이, 까치, 소나무로 표상되는 한국의 숲을 연상해 볼 수 있다.

한국인과 숲의 문화적 어울림

호랑이를 산신령으로 생각하는 토속신앙의 근원은 2,000년 이상으로 소급할 수 있다. 산림동물인 호랑이와 한국인들과의 상호작용은 다시 단군신화에서 사람이 되고자 한 두 동물, 곰과 호랑이로 연결된다. 이러한 역사적 상상력을 구체화한 드라마가 광개토왕을 다룬 〈태왕사신기太王四神記〉다. 고구려보다도 약 2,000년이 앞서는 단군조선에서 시작된 호랑이 숭배의 호족虎族과 곰 숭배의 웅족熊族의 대립과 갈등을 상상적으로 구도화하여 5세기의 고구려에 대입한 드라마인 셈이다. 근거는 이렇게 호랑이를 숭배한 예족에게서 그리고 예족에서 고대국가로 발돋움한 부여에게서 찾는 셈이다.

제7장

맥궁과 동이

예맥조선의 수렵문화

화하와 동이

중원에서 기원한 족속과 문화는 '화하華夏'라는 말로 요약된다. 화하는 기원전 21세기에서 17세기까지 현재의 뤄양 동남쪽 숭산을 중심으로 하는 중원지역 신석기 후기~청동기 초기 문명을 일구었던 하夏나라를 세운 족속에서 기원하였다. 서구 고고학에서 청동기 문명의 상商족을 중국 문명으로 보통 지칭하기 때문에 그보다 앞에 있는 하夏족의 도읍을 고고학적으로 밝히려는 작업들이 있었다. 하상주단대공정의 일환이었다. 반면에 다시 상나라를 극복한 주나라를 세운 족속은 주周족으로 서쪽에서 동쪽으로 흐르는 황하 보다 더 서쪽에서 흘러와 황하와 합류하는 위수渭水

주변 평원에서 발원한 족속이다. 상문명 보다는 하족의 문화에 화華를 부가하여 높이는 말로 '화하'가 사용되는 것이다.

현재로부터 4,000여 년 전의 동과 서로 가로대처럼 펼쳐진 중원의 기후는 거의 습윤한 아열대에 가까웠고 주변은 아열대숲으로 덮여 있었던 것으로 보인다. 이 지역에서 수렵채집단계를 거쳐서 숲을 벌채하고 신석기 도구로 밭을 갈아 기장과 조를 재배하고 식량을 토기에 담는 농경의 정주사회로 발달한 것이다. 중원에 고유한 특성을 가진 숲 생태계와의 중원식의 상호작용이 있었던 것이다. 그런데 기원전 15세기에서 10세기 사이에 기후의 한랭화가 있었던 것으로 보인다. 상나라 때까지 중원은 아열대를 유지한 것 같아 보이는데 기원전 10세기부터는 아열대에서 온대로의 변화가 진행된 모양이다. 기원전 11세기에서 7세기 정도까지의 중원의 남과 북의 지역에서 생활했던 사람들이 남긴 시가詩歌들이 『시경詩經』에 묶여 있다. 여러 많은 초목과 나무 그리고 동물들의 이름들이 등장하는 이유는 바로 이러한 지리적, 시간적, 기후적 공간속에서 문화를 일구면서 생태계 서비스cultural ecosystem service를 도출해낸 결과이다.

우리는 아주 오랜 옛날부터 중원의 민족에 대비해서 동이東夷라는 말을 자주 듣고 이야기한다. 동이족이라는 정체성을 가지고 있는 것이다. 앞에 붙은 동東자는 동쪽을 의미하는 접두어이고 뒤의 이夷자가 바로 족속명을 말하는 것이다. 그런데 이夷자로 고정된 글자는 기원전 17세기에서 11세기까지 중원의 동부에서 찬

란한 청동기 문명을 꽃피웠던 상商나라의 후기 유적인 은허에서 발굴된 갑골문자에서부터 확인된다. 동북아시아에서 현재의 해독 가능한 최고 오래된 문자가 바로 짐승의 뼈에서 점을 치면서 새기게 된 갑골문이라서 갑골문에 나오면 적어도 기원전 15세기에서 11세기 사이에 이夷라는 족속을 구별하고 있었다는 소리가 된다. 갑골문은 아마도 그 보다 오래된 그림문자에서 진화해서 정착이 되었을 것으로 생각된다. 유라시아 대륙의 동쪽인 동북아시아가 서쪽의 메소포타미아 문명에서와는 차이가 나는 것은 이 문자발생의 경로가 동북아시아 고유의 종교적 측면에서 기원한 것이라는 것이다. 여러 국가의 대사나 왕실의 일을 기획하기 전에 짐승의 뼈를 구워서 그 갈라지던 모습을 보며 점占을 치던 문화에서 만들어 진 것이기 때문이다.

동이족이란 명칭은 상당히 고고학적인 혹은 고대사적인 개념을 가지고 있다. 장기적인 시각에서의 이주 역사를 다루는 1940년대의 한국역사학자의 김상기의 논문은 "동이는 원래 중국의 서북부에 있다가 동쪽으로 이동, 한 갈래는 산둥반도 쪽으로 들어가고 다른 갈래는 다시 동진하여 발해만을 따라서 요동지방을 거쳐서 한반도로 들어온 것이다"라고 묘사한다. 장개석과 함께 대만으로 들어간 유명한 역사학자 푸쓰녠傅斯年은 좁은 의미의 동이를 하-상-주 시대의 "산둥반도부터 회수淮水 유역에 거주하였던 우이嵎夷, 회이淮夷, 래이萊夷, 서융徐戎 등을 이야기하고, 넓은 의미의 동이는 발해, 서해를 둘러싼 황하, 요하, 대동강 등의 충적

지에서 말발굽형의 분포지역으로 살던 종족을 지칭한다"고 정의
한다. 넓은 의미의 동이는 기원전 3세기 진나라, 한나라 이후에
현재의 중국 동남 해안 지역을 벗어나 역사나 만주와 한반도 심
지어는 일본까지를 포함하는 범주로 사용되었다. 후한서나 『삼
국지』「위서 동이전」에 나오는 그 개념은 넓은 의미의 동이족의
개념일 것이다.

중국의 서북쪽에서 이주한 넓은 의미의 동이족의 이주경로는
현대 인간유전학에서 말하는 현생 인류Homo sapiens의 이주, 곧 아
프리카대륙에서 나와서 중앙아시아를 거쳐서 한 갈래는 북쪽으
로 가다가 서쪽으로 가서 유럽인이 되고 다른 갈래는 시베리아 남
부를 거쳐서 동진을 하였다고 하는 가설에 맞는다. 중국의 서북쪽
이면 몽골, 네이멍구, 중앙아시아 및 시베리아 남부 초원지대를
모두 이야기할 수 있어서 거기로부터 수천 년 이상의 장기간에 걸
쳐서 이주해 온 것을 의미한다. 문제는 서북쪽의 어느 지리적 지
점을 중심으로 동진하거나 남쪽으로 내려온 것이냐 하는 것이다.
물론 아프리카를 나온 한 다른 갈래는 인도를 거쳐서 동남아시아
를 거쳐서 서서히 북상하여 중원으로 올라온다는 이주경로의 맥
락도 가지고 있다. 두 이주경로를 거친 사람들이 다시 서만주 일
대에서 합류하였고, 그 이전 혹은 이후에 연해주를 거치고 베링해
협을 건너서 아메리카 대륙으로 건너갔다는 것이다.

비파형동검을 가진 사냥꾼 가한

**그림 7-1. 동북아시아 청동기 시대의
청동검 세 유형**

左 : 비파형동검(琵琶形銅劍)으로 만주와 한반도에 걸쳐서 유행하였던 유형이다. 中 : 공병식동검(銎柄式銅劍)으로 네이멍구 자치주 동남부에서 유행하였고, 랴오닝성 서북부 및 네이멍구 자치주 동남부 접경 지역에서는 비파형동검과 공병식동검이 같이 출토되기도 한다. 右 : 유병식동검(有柄式銅劍)으로 네이멍구 자치주 중부에서 허베이성 북부에 걸쳐서 유행하였다. 중원에서는 이 세 유형과는 다른 양식의 동검인 동주식동검(東周式銅劍)이 유행하였다. 자료출처 : 오강원, 『비파형동검문화와 요령지역의 청동기 문화』, 청계, 2006, 17쪽.

현대 한국인은 고구려의 주몽이 활쏘기의 명수였다고 하고, 조선 태조 이성계도 활을 잘 쏘았다는 것을 자주 듣고 이야기한다. 이것은 동이의 이夷 자가 갑골문에서부터 활을 상형하여 나온 글자라는 사실에 큰 의미를 둘 수 있게 만든다. 활대는 나무나 짐승 뿔로 만들지만 화살촉은 돌로 만들 수 있고, 이후에 청동기와 철제로 만들었다. 신석기에서 청동기를 거쳐 철기 시대까지 만들 수 있는 사냥도구이자 무기였다.

만주와 한반도의 청동기 시대의 대표적 유물이라고 하면 비파형동검이 될 것이다. 중원에도 동검이 만들어져서 사용되었고 또한 몽골이나 현재의 네이멍구 자치주 중부 및 서부 지역, 곧 중원의 북방에서도 동검이 만들어져서 사용되었다(그림 7-1). 비파형동검은 대체로 기원전 10세기에서부터 만들어져서 기원전 5세기 정도까지 사용된 것으로 본다. 그런데 이 비파형동검의 출토지역을 분포지도로 만들어 보면 우연치 않게

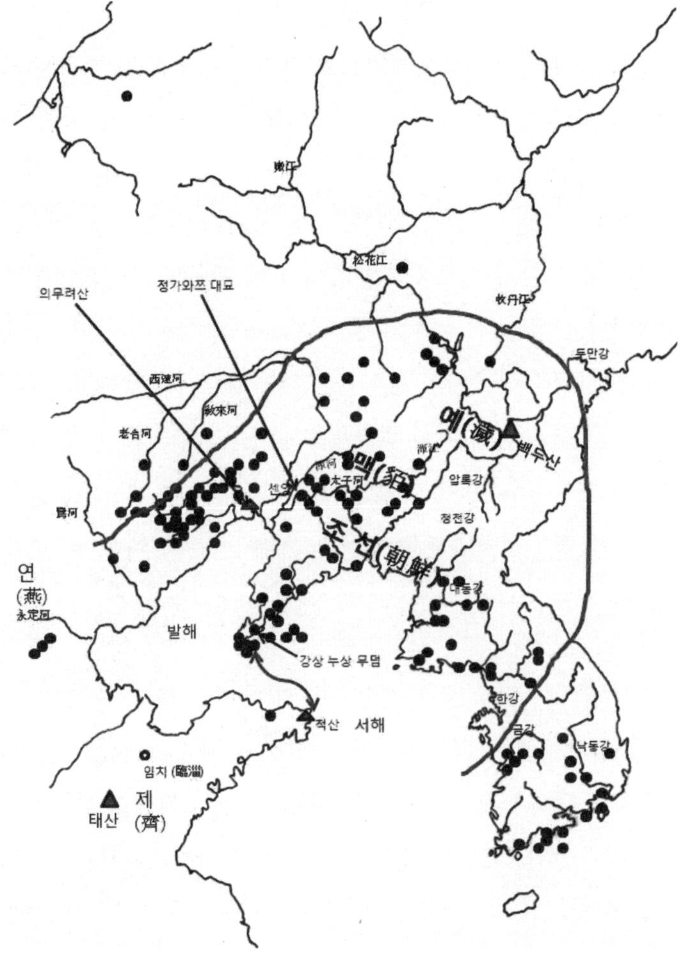

발해만과 서해를 말발굽형으로 둘러싸는 분포가 푸쓰녠의 (넓은 의미의) 동이족의 분포와 거의 겹친다.
고고학자 김정배의 논문(2000)의 비파형동검 출토 지도 위에 포함되지 않았던
산둥반도의 비파형동검 출토 지역만을 부기하고 정가와쯔 대묘와 강상, 누상묘의 위치를 표시, '발·조선의
문피'의 브랜드이름이던 척산도 부가하였다.
자료출처 : 박중형, 『북방사논총』 2·10(고구려연구재단, 2004·2006)을 바탕으로 재구성.

도 동이족이 "발해, 서해를 둘러싼 황하, 요하, 대동강 등의 충적
지에서 말발굽형의 분포지역으로 살던 종족이라"는 푸쓰녠의 정
의와 대체로 겹치면서 확대되어 있다(그림 7-2). 서만주 지역 곧 요
서지방에서도, 요동반도에서도, 그리고 압록강과 대동강에서도
발굴된다. 그 분포 지역이 확대되어 심지어는 베이징 지역과 산
둥반도 동쪽 끝과 한강유역을 넘어 한반도 남해안 지역에서도 발
굴되었다.

1965년도에 랴오닝성 센양 정가와쯔政家窪子 6512호로 명명된
거대한 고대 무덤이 하나 발굴되었다. 50~60대 노년 남성의 무덤
인데 목제칼집을 가진 비파형동검을 우측 허리에 차고 있었다.
대묘에는 청동거울(쌍뉴경)과 차마구車馬具가 부장되어 있었다. 흥
미로운 것은 시신의 왼쪽에 활과 화살이 부장되어 있었다는 사실
이다. 이 대묘를 당시 사회의 최고위계층 및 수령 급의 무덤으로
해석하는 사람들이 많다. 말하자면 기마 무장을 할 수 있는 무인
武人의 형상이면서 청동거울을 소지한 제사장의 신분을 가지는
것이라서 당대의 종교-정치적 지위가 높은 고위층이었을 것으로
추정하게 한다. 그런데 흥미로운 것은 정가와쯔 대묘의 주인이
활과 화살을 가진 사냥꾼의 모습까지 겸하고 있는 것이다. 이 무
덤의 시기는 중원의 춘추시대 후기 전후라고 하여 거의 기원전
6~5세기 정도라고 본다.

정가와쯔 대묘의 주인은 추모왕 보다는 최소한 500~600년은
앞에 있는 사람으로 청동기 무장과 함께 활쏘기를 중시하는 모습

으로 나타난다. 그런데 정가와쯔 대묘의 청동기 유물이 나온 고고학 문화를 정가와쯔문화라고 하는 사람도 있다. 비파형동검문화라는 큰 범주안의 하나의 후기 하위 유형으로 볼 수 있다. 이 정가와쯔 문화는 그 이전의 신락상층문화(기원전 13~7세기)와 고태산문화(기원전 20~16세기)를 잇고 있다고 말한다. 고태산 문화와 신락문화는 발發, 또는 맥貊족의 문화로 이야기되고 있어서 이후의 고구려의 기층민도 맥족으로 보기 때문에 아주 흥미롭다. 발과 맥은 교체해서 쓸 수 있는 말이다.『후한서』「동이전」에는 "구려句驪는 일명 맥이라고 부른다. 별종이 있는데 소수에 의지하여 사는 까닭에 이를 소수맥이라고 부른다. 좋은 활이 생산되니 이른바 맥궁貊弓이 그것이다"라고 하여 맥족의 존재를 이야기하면서 '맥궁'이라는 활을 이야기하고 있다. 정가와쯔 대묘의 주인이 가지고 썼으며 부장되었던 그 활이 이후에 맥궁으로 불리는 전통으로 변하지 않았을까 생각된다.

기원전 7세기 산둥반도 내륙의 임치臨淄에 도읍을 하고 있던 춘추시대의 첫 패자 제齊환공과 관중의 대화에 나온 '발發·조선'의 문피는 아마 정가와쯔 대묘의 주인 같은 사람이 보낼 수도 있었을 것이다(그림 7-2 참조). 표범이나 호랑이를 사냥하는 맥궁에 화살을 먹인 채 센양 주변의 광활하게 넓은 숲 생태계에서 말을 타고 자신의 군사들과 같이 사냥하는 정가와쯔 대묘의 주인을 떠 올려보라. 아마 그는 당대 예맥조선의 알타이어족 언어로 군장이나 우두머리를 의미하는 '가한'이나 '칸'에 비슷한 음가를 가진 말로 존

숭을 받았을 것이다. 몇 백 년이 지나서도 살아남아서 고구려의 고추가古鄒加, 상가相加 부여의 마가馬加, 우가牛加 등과 같은 '가加'라는 어미, 신라의 혁서세 거서간居西干 혹은 각간角干이나 서불한舒弗邯과 같은 '간干, 邯'이 되었다. 이들의 같은 어미의 고대형이 가한이나 칸이었을 것이다. 김수로가 왕으로 등극하기 전의 가야연맹의 아도간, 여도간, 피도간, 오도간, 유수간, 유천간, 오천간, 신천간, 신귀간의 9간도 군장의 의미를 가진 어미 간이 포함되어 있다.

맥궁이 보여주는 숲 생태계의 문화적 서비스

기원전 7세기에도 문피와 같은 맥족의 특산품은 요동반도와 같이 북동에서 남서로 달리는 천산산맥의 북부 요하합류지역 다음의 혼하 부근에 있는 센양에서 요동반도를 거쳐서 산둥반도를 통해서 제나라로 들어갈 수 있었을 것이다. 기원전 7세기에서 4세기를 일컫는 춘추시대 및 예맥조선시대에도 요동반도와 산둥반도 사이의 해상 교역이 있었던 것으로 본다. 이아爾雅와 회남자淮南子에는 "동방의 아름다운 것은 의무려醫巫閭의 순우기珣玗琪가 있고 (…중략…) 동북방의 아름다운 것에는 척산斥山의 문피가 있다"는 문장이 있다. 이 척산을 역사학자 박준형은 산둥반도 영성榮成시 해안에 있는 산으로 본다. 발·조선의 문피는 그것이 들어와 특산으로 치는 지명인 '척산의 문피'로 불리기도 했다.

해상교역에 의해서 문피가 제나라로 들어 올 수 있었던 이유가 있다. 예맥조선의 무덤으로 보는 요동반도 끝의 강상, 누상무덤에서 보배조개가 출토되는 데, 제나라를 포함한 주나라의 춘추시대 제후국들에서 화폐로 사용되었다고 한다. 그런데 산둥반도에도 영성, 문등, 제나라의 수도 임치인 치박시에서도 고인돌이 발굴되고 서하栖霞시 고대 무덤에서 비파형동검이 출토되었다. 이러한 유적의 의미는 그 문화를 가진 족속들이 적어도 일정한 집단을 이루면서 그 지역에 거주하고 있었다는 것이다. 또한 요동반도와 산둥반도 사이에 인적, 물적 교류가 있었다는 것을 의미한다. 물론 신석기 시대부터 양쪽 반도 사이에는 문화적 교류가 있었다.

또한 이것은 제나라의 시조인 강태공 여상이 주나라로부터 분봉을 받아서 임치로 내려 올 때 래이萊夷들이 공격해 왔었다는 것과 일치하는 이야기가 된다. 래이나 그 후손들이 있어서 동북방에 있던 예맥조선과 교역이 이루어 질 수 있었을 것이다. 실제로 기원전 11세기(기원전 1046년 무렵) 주나라 초대왕인 무왕이 상나라(은나라)를 정벌한 후에 제태공 여상은 산둥반도 내륙을 중심으로 하는 분봉지를 받는다. 왕 아래의 가장 높은 제후(군장)인 공公이라는 칭호의 제후국 군주가 된 것이다. 여상은 그 고향이 산둥반도나 그 남쪽이던 북쪽이던 해안에 있던 사람이라서 옛 동이족伯夷의 배경을 가지는 지도 모른다. 정치적인 이유로 상나라의 마지막 왕과는 처음에는 뜻을 같이 했으나 오히려 서쪽의 주나라 무왕과 힘을 합하여 상나라를 무너뜨리는 중요한 역할을 한 사람이다.

비파형동검의 분포지는 아주 넓은 지역에 걸쳐서있다(그림 7-2). 비파형동검은 여러 장묘양식에 걸쳐서 묻혀있어서 장묘형식이 다른 여러 족속이 받아들인 문화적 아이콘일 수도 있다. 광범위한 지역의 여러 족속을 통합하는 정치적 의미를 담고 있었을 가능성도 있는 것 같다. 고인돌은 제사 시설이면서 무덤이었다고 한다. 그런데 고인돌 부장품 중에 비파형동검이 있는 경우도 많다. 또한 고인돌에는 화살촉도 껴묻혀져 있다. 한반도 고인돌 무덤장치에서 출토된 화살촉은 점판암이나 편암 같은 아주 단단한 돌로 된 석제화살촉과 함께 청동화살촉도 간혹 출토된다. 돌검과 돌창이 청동검이나 청동창으로 변화하는 것과 같다. 의례 혹은 제례에 쓰던 돌검 같은 것이 청동기 시대 제사장의 의례용구로 쓰인 청동검으로 변하는 것은 당연한 과정일 것이다. 이후에 청동검은 청동화살촉, 청동창과 함께 무기로 변했을 것으로 추정한다.

비파형동검이 출토된 분포 지역 전부는 아니더라도 시대가 비슷한 『제왕운기』의 후조선의 중심지가 비파형동검 문화권 속에 포함되어 있다는 것은 분명하다(그림 7-2). 후조선 혹은 예맥조선은 적어도 요서 지역의 노노아호아산 이남以南 지역에서 요동반도 및 그 동북쪽 상당부의 지역과 한반도의 중서부까지를 포함할 수 있을 것이다. 이러한 고고학적 사실은 센양과 같은 만주 중남부 지역의 활 중시 문화가 대동강이나 한반도 중부에도 있었다는 것을 의미한다. 기원전 3세기에서 기원후 1세기의 예濊의 지역에서 단궁檀弓이라는 특산물이 난다는 것과도 맥락이 같다. 정가와 쯔 대묘의 활과 화살촉은 맥궁을 직접적으로 보여주는 것 같다.

고대 사회에서 수렵에서 잡은 사냥감은 하늘신이나 토지신 혹은 조상신에게 드리는 중요한 제물이었다. 국가 혹은 부족 제사 및 가족 제사에 바치기도 하였다. 또한 가족의 식생활을 부요하게 하는 고단백질의 식량이기도 했다. 무리를 모아서 하는 사냥은 군사연습의 의미도 있었다. 따라서 산림생태계의 공급적 서비스provisional service를 확연히 보여 주는 것이면서도 사냥스포츠, 군사연습, 제사라는 문화적 서비스cultural service가 도출되는 것이다.

문화생태학cultural ecology은 일정한 시점, 여기서는 과거의 일정한 지역에 생존했던 사람들이 구성한 사회가 어떠한 생태적 환경에 처해 있었고 그 환경에서 어떻게 생태계 서비스를 도출해 냈으며 어떻게 상호작용하면서 고대 문화 혹은 문명을 일구어 나갔는가를 밝힐 수 있다. 맥궁과 단궁이 던져주는 예맥조선의 숲과 수렵문화는 동이東夷 정체성을 다시 한 번 재확인하게 해주는 문화생태학을 내포하고 있다.

Cultural
Choreography between
Koreans and Forests
한국인과 숲의 문화적 어울림

제3부

—

한국인의 숲 이용

제8장

고대-중세의 숲과 에너지원의 채취, 그리고 한국의 온돌 문화

에너지원

현대라는 시대를 살고 있는 우리는 에너지라는 말을 들으면 그 원천이 되는 석유petrol나 석탄coal을 떠올린다. 물론 천연가스도 에너지원이라고 말할 수 있다. 대한민국이 세계의 5위라고 하는 원자력발전소 관련 기술력과 함께 최근에는 원자력이라는 에너지원도 생각할 줄 안다. 또 다른 에너지원으로 수소에너지나, 풍력이나 태양광을 이용하여 전기를 생산하려는 생각을 가지고 있다. 물론 '에너지'라는 말 자체도 현대라는 시대에 밀접하게 관련이 있다. 현대로 접어들기 이전의 과거에는 그저 '불'이라던가 '열'

이라던가 하는 말로 불렀다. 에너지라는 말은 서구 과학의 콘텍스트context를 강하게 내포하는 말이고 현대 과학의 맥락을 떠날 수 없다.

그런데 약 1세기 100년을 거슬러 올라가 한반도와 만주라는 땅덩어리를 살펴보면 그 공간에 살던 인간들이 가장 많이 이용한 에너지원이 현대와는 아주 다르다는 사실이 금방 드러난다. 지금은 난방과 취사에 천연가스, 석유 혹은 일부는 연탄불을 쓰기도 한다. 모두 땅속에 매장되어 있는 화석연료를 산업적으로 채취하여 쓰고 있는 것이다. 그런데 100여 년 전만 해도 위로는 조선 혹은 대한제국의 왕으로부터 양반 신분의 사대부집 사람들, 나아가 밭과 논에 나가 일하는 평민에게 이르기까지 난방과 취사의 주 에너지원으로 사용하던 것은 화석연료가 아니었다. 주변의 산에서 해오거나 장작의 형태로 만들어져서 공급되던 나무였다.

선사시대, 고대와 중세 및 근세의 에너지원인 나무는 불을 발견한 인류가 사용하기 시작하여 아주 오랜 시간 동안 인간과 숲이 상호작용한 대표적인 사례였다. 나무를 난방과 취사로 사용하는 가옥의 구조를 동양이나 서양이나 보편적으로 다 만들어 왔으며 그 난방구조 자체로도 문화적 정체성을 가려낼 수 있는 것이다. 선사시대로부터 고대와 중세를 거쳐서 근세에 이르기까지 나무를 난방과 취사의 연료로 사용한 것과 현대에 화석연료를 사용하는 것은 그렇게 엄청난 문화적 변화인 것이다.

그래서 우리는 숲이라는 것이 바로 1세기 전만 하더라도 난방과 취사에 필요한 에너지를 공급하는 주요한 경제적, 문화적 기능을 담당하고 있었다는 사실을 두고 깜짝 놀란다. 그리고 21세기의 대한민국에서 난방과 취사에 나무장작을 사용하는 곳은 정말로 희귀한 문화적 편린에 해당한다. 물론 강원도나 백두대간 산지의 깊은 산골에 들어가 보면 집의 지붕도 나무판자로 이은 너와집도 있고, 주변의 숲에서 '나무를 해 와서' 아궁이에 불을 지피고 난방을 한다. 반면에 고층아파트가 즐비한 도시의 어린이들이 듣는 동화 '나무꾼과 선녀' 이야기에서 나무꾼이 왜 나무를 하느냐고 물으면 대답하기가 궁색해 진다. 현대에 나무꾼이라는 사람 혹은 직업이 존재하지도 않을 뿐 더러 실제로 '나무를 한다', '나무하러 산에 간다'는 동사적 표현 자체가 실제 일상생활에는 없다. 아니면 산에 가서 나무를 하는 행위는 환경 훼손으로 나쁜 것이라는 의식이 있는 시대를 살고 있기 때문이다.

이렇게 에너지원으로서의 숲과 나무의 기능이 거의 완전히 제거되어 버린 대한민국이라는 공간에서 숲과 나무는 어떠한 기능을 하고 있을까? 숲과 산림은 물을 보유하고, 공기를 정화시키고, 이산화탄소를 고정하여 지구의 온난화 속도를 저하시켜주는 기능을 한다고 알고 있다. 이렇게 숲을 환경 가치의 입장에서 숲을 바라보는 우리를 자각한다. 나무를 해서 땔감으로 사용하면 환경적으로 나쁜 것일까?

고대·중세의 인간과 숲의 상호작용

브리태니커 대백과사전에는 'ondol' 이라는 단어가 있다. 한국어의 온돌을 그대로 영어 철자화한 단어이다. 청동기 및 고대 조선의 표지 유물인 고인돌을 'goindol'이라고 한 것과 비슷하다. 인간의 삶은 물질적 가치와 정신적 가치가 총체적으로 반영되어 어떤 양식으로 정형화된다. 그것을 문화라고 한다. 그 물질적 가치 속에는 자연을 이용한 방식과 인간과 자연이 상호작용한 흔적들이 고스란히 들어가게 되어 있다. 그런데 한국의 온돌 문화는 언제부터 어디에서 기원하였는가? 인간의 기본적 욕구를 충족하는 생활과 결부된 설비 혹은 그 기술은 어떻게 발전하여 왔는가?

온돌은 동북아시아의 몽골, 중국, 일본과는 다른 무엇이 한국 문화에 있느냐를 물으면 아주 확신에 찬 대답을 할 수 있는 것이다. 온돌溫突은 우리말로 '구들'이라고 한다. 이 구들이 놓이기 시작한 것을 언제부터라고 할 수 있을까 하고 물으면, 청동기시대부터, 고조선시대부터, 혹은 삼국시대부터라고 주장을 해서 서로 각각이 된다. 물론 불을 사용하기 시작한 시대부터 움집을 짓고 난방과 취사를 하기 시작할 때부터 만주-한반도의 온돌 문화로 발전할 소지는 충분히 있었다. 언제부터 인간이 피난처로서 보금자리로 사용하는 가옥의 구조 속에 온돌이라는 기술이 들어가서 동북아시아 지역의 다른 곳의 가옥구조와는 다른 문화적인 차별성을 가지게 되었는가라는 시각에서 보면 아마도 부여, 예, 고

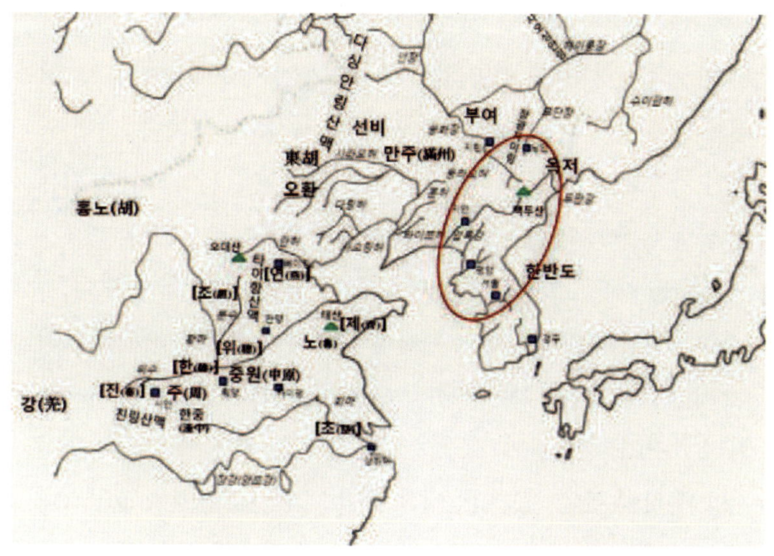

그림 8-1. 온돌 문화권

온돌은 만주와 한반도의 공통된 문화이면서 중원이나 일본 및 몽골과도 차별성을 보이는 문화이다. 중원의
문화에는 온돌과 같은 시설이 가옥 구조 속에 들어가 있지 않다.
지도에는 중원의 전국시대의 7 나라의 위치가 개략적으로 표시되었다.

구려, 옥저가 있던 시대와 공간을 지적하게 될 것 이다. 일부의
역사학자들이 열국시대로 부르는 그 시대(기원전 3세기~기원후 1세기
무렵)의 만주와 한반도 북부에 해당한다(그림 8-1).

온돌은 만주와 한반도 북부에서 생활했던 사람들이 난방에 사
용한 문화이다. 부여, 예, 고구려, 옥저라는 시공간상의 범위를
지적하면 서쪽의 중원과는 구별되는 공간, 그리고 이후의 고구려
와 백제의 삼국시대를 거쳐서 발해와 거란 치하의 말갈 그리고
고려와 여진족이 세운 금金나라까지도 문화적 정체성을 공유하

게 된다. 부여, 예, 옥저, 고구려가 위치한 지역에서 고대 생활 난방의 '기술적 혁신'이 있었다는 역사적 사실이 크게 부각된다. 현재의 만주 중남부와 한반도 북부지역에 위치하였다는 지리적 요소가 중요하다. 후대의 문명 단계가 낮은 물길문화와 구분되는 정착 옥저 문화의 표지 발굴도 온돌장치이다.

온돌을 만든 고대 만주-한반도의 사람들은 자신들이 모여 사는 주거지 주변의 산림에서 땔감을 채취하여 온돌에 군불을 지피는 사람들이었다. 중원의 난방 시설과는 확연하게 구분되는 문화적 표지가 바로 부여-고구려 계열의 온돌이다. 여러 중원측 사서에서 찾아 볼 수 있지만, 예를 들어 구당서舊唐書에는 고구려에서 "겨울철에는 모두 긴 구덩이를 만들어 밑에서 불을 때어 따뜻하게 한다冬月皆作長坑下燃溫火亂取煖]"라고 하여 온돌의 사용을 묘사하고 있다. 고구려의 수도인 국내集安의 동대자 집터 유적에서도 온돌이 발견되었다. 발해의 수도 상경용천부인 헤이룽장성 닝안寧安의 제5궁전지에서도 온돌이 발견되었다. 현재의 러시아 연해주에서 발굴된 발해의 동해안 지방인 염주鹽州의 중심지 크라스키노 성터 발굴에서도 온돌장치는 발굴되었다(그림 8-2).

백제도 왕실이 북방계열이었고 온돌 시설이 발굴되었다. 이후 고려에서나 조선에서 온돌의 사용은 자명한 사실이다. 금金나라와 청淸조를 세운 여진족도 이러한 면에서 공유하는 면이 많다. 온돌은 한반도와 만주를 아우르면서 통일시키는 역사적, 기술적, 문화적 요소이다. 정체성을 확인해 주는 그 어떤 것이다. 따라서

온돌은 아주 한국적인 문화이다. 동시에 에너지를 보전하는 탁월한 난방시스템으로 전 지구적으로 인정받는 아주 좋은 과학기술문화의 사례이기도 하다. 또한 고려를 예를 들어서 온돌이 있는 귀족들이 국가로부터 수여 받은 연료채취지가 있었다. 고려의 토지제도는 전시과田柴科로 농토田와 연료채취지柴로 구성되어 있었다. 개국 초에 조선은 산림천택여민공지山林川澤與民共地라는 슬로건 속에 연료채취는 왕에서부터 양민에 이르기까지 공용으로 한다는 이념을 관철시켰다. 물론 왕목이면서 사직수인 소나무는 제외하면서 촌락 주변 산의 다른 나무들은 땔감으로 사용할 수 있게 해왔다.

고려와 조선의 한반도의 중세 시대에는 인간의 거주지 주변의 숲은 땔감을 채취할 수 있는 연료자원의 공급처였다. 연료채취 지역은 시지柴地, 시장柴場이라고 불렀다. 왕실의 궁궐이나 귀족 및 사대부 집에서부터 기층민의 초가집에 이르기까지 나무 땔감으로 난방을 해야 했다. 따라서 궁궐과 국가가 관리한 관청, 심지어는 국립대학의 역할을 했던 성균관에 필요한 땔감을 채취하는 토지를 지정하는 제도도 조선시대에 존재했다. 이것은 화석연료를 이용하여 난방과 취사를 하는 현대 문화와는 엄청난 차이가 있는 것이다. 달리 말하면 숲 생태계가 인간의 생활에 가져다주는 서비스가 현대와는 많이 달랐다. 현대는 숲 생태계가 한반도와 만주의 중세 사회에게 제공한 공급적 서비스가 거의 사라진 시대이다.

이렇게 고대 사회에서부터 중세에 이르기까지 인간의 거주지 주변의 숲에서 땔감으로 채취하는 양은 당대의 인구의 크기에 비례하고 상당한 양이었을 것이다. 현대사회 보다 인구 밀도가 높지 않았던 시대의 숲 생태계는 재생가능성renewability을 보유하고 있어서 인위적인 식수가 이루어 지지 않아도 많은 경우에 다음 대의 나무 집단이 자연적으로 조성되는 것이었다. 벌채가 이루어진 민둥산을 그대로 내버려 두어도 주변의 숲에서 나무의 씨들이 날라 들어와 다음 세대의 숲이 자라나는 것이었다. 하지만 한반도의 중세 사회에서 규모가 크건 작든 간에 인위적인 식수가 많이 이루어 졌다.

소나무가 많은 한반도의 전통 경관이 형성된 것에 대해서 인간이 숲에서 땔감을 채취하는 행위와 관련을 지을 수 있다는 주장이 있다. 조선시대는 소나무를 벌채하지 못하게 한 상태에서 소나무가 아닌 수종, 주로 활엽수종에 해당하는 나무들은 벌채와 땔감으로 이용하였다. 조선시대 사람들은 평상적으로 소나무와 잡목으로 분류했다고 한다. 인간 거주지 주변의 숲에서는 연령대가 낮은 활엽수들이 지속적으로 채취되어서 대조적으로 벌채되지 않고 남은 소나무에서 씨들이 퍼져서 한반도의 상당한 지역에서 소나무가 인위적 극상림으로 존재하게 되었다는 것이다. 인간의 문명 건설 활동이 숲 생태계에 미친 영향이 연료림에서 분명하게 드러나는 사례인 것이다. 현대에 와서는 화석연료를 사용하게 되어 중세 사회에서 땔감을 채취하던 인간의 활동이 중단되었고, 그에 따라서 한반도의 많은 숲이 참나무와 같은 활엽수로 대체되는 경향을 보이고 있다고 한다. 이러한 생태적 측면은 소나무를 사용한 중세의 전통 가옥의 복원에 사용될 소나무 대경재를 생산해 내려는 1세기 내지는 2세기에 걸친 관리를 계획하는 시점에서 단순히 소나무숲을 조성하고 관리하면 된다고 하는 통념과는 굉장히 다른 그림을 보여준다. 소나무숲에 대한 특별한 관리와 경영이 필요한 것을 의미한다.

조선의 온돌보급과 산림의 황폐화?

조선 초기만 하더라도 온돌은 조선의 강역에서는 중부와 북부의 가옥구조에 들어가 있었다. 한반도 남부에는 대청마루가 있는 가옥구조를 이루고 있었고 온돌이 보급되어 있지는 않았다고 한다. 조선 초기까지 남부지방 백성의 초가집에도 온돌이 보급되지 않았다. 16~17세기에 한반도에 소빙하기라고 부를 수 있는 기후가 전개되어 상당히 온도가 낮았다고 한다. 이런 시대를 지나면서 근세조선 후기에 온돌이 중북부 지역에서 한반도 전역으로 확대되었다. 16세기는 임진왜란과 병자호란의 양난이 있었던 시대이다. 조선 왕실이 숙종 대에 와서 그동안의 국가 산림보전체계인 금산 체계를 봉산 체계로 바꾸는 데에 이러한 온돌의 확대와 그에 따른 산림자원 소비의 급증이 영향을 끼쳤을 것이다. 왜란과 호란이라는 일본과 만주족과의 전쟁이후의 사회 변화뿐만이 아니라 실제의 연료에너지원의 소비 증가도 영향을 끼쳤을 것으로 보인다. 또한 양반이 아닌 보통사람들이 연료림을 확보하기 위해서 송계 혹은 금송계를 만든 이유 중에 온돌의 확대와 그에 따른 연료목재의 수요가 급증한 것도 하나의 영향인자라고 이야기해도 크게 틀리지 않을 것이다. 요약하면 온돌 보급 이전에 한반도 남부의 산에서 채취되던 땔감의 양보다는 온돌 보급 이후의 연료림 채취량이 증가했을 것이기 때문에 남부의 산지를 황폐화시켰을 것이다. 전란 이후에 인구의 증가도 한 몫을 했을 것이고

그림 8-3. 경복궁의 가옥구조 속에도 온돌 시설이 들어가 있다

경복궁 경내의 목조 가옥에는 온돌이 놓여있고 불목과 굴뚝이 연결된 양식을 보여 준다. 경복궁 함원전의 굴뚝과 온돌 불목의 연결성 (a)은 그러한 양식을 보여주며 함원전 온돌 불목의 시설은 목재 연료재를 사용하던 시설이다(b). 새로 복원된 경복궁 경내의 건청궁의 목조 가옥의 온돌 불목 (c)은 북옥저에서 시작된 구들 전통을 잘 보여준다.

상업의 발달과 같은 사회변화도 한 몫을 했을 것이다. 일제강점기 초기에 조선을 여행한 독일인의 저서에서 당대의 조선의 산림이 상당히 황폐화되었다고 기술하고 있다. 그것은 아마도 사실과 같을 지도 모른다. 그런데 같은 저서에서 일본총독부가 한반도의 산림에 대규모 식수를 하였다고 찬양하였는데, 대규모 식수 같은 것은 조선왕실도 분명히 추진했을 것이다. 일본 제국주의자들은 조선 산림정책 전무론처럼 이전과의 차별성을 과장하기 위해서 정치적으로 부풀려서 이야기한 경우가 많기 때문이다.

호랑이 숭배 문화와는 다른 측면에서 부여-고구려 계열의 온돌 문화가 남쪽까지 확대된 것이 조선 후기 한반도 남부의 산림 황폐화에 기여한 측면이 있는 것은 역사의 아이러니일까? 부여와 예의 호랑이 숭배와는 다른 차원의 산림과 인간의 상호작용도 부여, 예, 옥저 그리고 고구려에서 이루어 졌다. 그리고 이후의 발해, 고려, 금, 여진, 조선으로 이어 졌다. 100여 년 전 경복궁을 다시 중건하고 그 곳으로 이주해 들어갔던 고종과 명성왕후의 침전들도 나무로 난방을 했다(그림 8-3). 취사 연료도 나무였다. 운현궁의 대원군의 방도 온돌이 놓여 있었고 나무로 난방을 했다.

제9장

조선의 수백 년 거대목 숲 경영

대경재 고갈

대한민국의 문화재 중에 목조로 되지 않은 것이 거의 없다는 것은 누구나 다 아는 이야기다. 그리고 고려와 조선의 경우에 목재의 대부분이 소나무 목재로 되어 있다는 것도 잘 아는 이야기다. 문화재에 대한 관심은 한국 사회 누구나가 가지고 있어서 숭례문이 화재로 인해서 소실이 되었다고 하면 모두들 눈물을 흘리거나 안타까워한다. 광화문이 제대로 복원되었다고 하면 눈길이 간다. 그런데 정작 대들보나 큰 기둥감이 될 대경재大徑材를 낼 거대목巨大木 소나무가 남한 땅에 별로 자라고 있지 않다는 진실을 말해 주면 아무런 흥미를 느끼지 않는다. 목재 건축물을 만들 때 가장 굵은 대경재 소나무가 쓰여야 하는 부분이 대들보나 큰 기둥들이다. 다음으로는 서까래 정도가 될 것이다. 베어서 쓰는 자원으로서의 목재라는 인식과 문화재에 소용되는 것에 주로 관심이 집중될 뿐 그것을 키우기 위해서 한국 사회가 얼마나 장기적인 시각을 가지고 제도를 유지해야 하고 거시적인 산림학적 안목을 가지고 있어야 하는 가에 대해서는 논란이 없다.

조선시대의 궁궐과 다른 목재 건축물에 들어가는 목재에는 여러 굵기의 목재들이 사용되었다. 평균적으로 많이 쓰는 굵기의 목재는 이제 복구된 한국의 산림에서 공급할 수 있다고 한다. 물론 그것도 거의 60~80년을 길러서 사용하는 것이라서 세대를 넘어선 지식과 안목의 전수가 아주 크게 필요한 것이다. 문제는 현재의 한국 사회가 거대목을 아직 키우지 못한 상태라는 것이다. 경복궁 근정전의 큰 기둥들高柱이 한국산 소나무가 아닌 것은 잘 알려져 있다. 목재 강도도 비슷하면서 굵기가 맞는 미국산 혹은 캐나다산 미송Douglas fir재를 쓴다고 한다. 흥선대원군이 150여 년 전(고종 2년(1865)) 경복궁을 중건할 때에도 이런 '대경재 고갈'의 문제가 있었다. 그 시대 보다 100여 년 200여 년 전에 자라나기 시작하여 흥선대원군 당대에 거대목으로 보전되어 있던 대경재 소나무가 조선 8도에 없었다는 이야기이다. 그런데 1세기가 지난 지금에도 똑같은 자괴감을 가지게 되는 것은 우리가 일제시대를 겪었고, 한국전쟁도 있었던 혼란의 20세기를 지내왔다는 변명으로도 충족되지 않는 그 무엇이 있기 때문인 것 같다. 언론과 방송도 이러한 문제점을 여러 번 지적하고는 여론을 환기시킨다. 그런데 얼마나 한국 사회가 100년, 150년, 200년을 기른 소나무 거대목을 여러 세대를 넘기면서 올곧게 보전하고 제대로 이용할 것인가에 대한 의식은 아직 크게 발전하지 못한 것 같다.

재생가능 자원을 다루는 전통 지식과 제도

조선시대에 산림학이 존재했다는 말은 잘 할 수가 없다. 하지만 거대목을 보전하려는 의식이 없었다고 할 수는 없다. 조선시대에는 목재가 문화와 경제와 연료의 중추적인 역할을 차지했기 때문에 나무와 숲을 중심으로 체계적인 지식을 구성할 필요가 없었던 것인지에 대해서도 답을 내리기는 어렵다.

물론 산림山林이라는 말 자체는 조선시대에 여러 가지 의미를 가진 말이기도 했다. 우선 우리가 지금 산림이라고 하는 말처럼 숲과 산을 의미하였다. 두 번째로 도읍이나 지방 읍치와 같은 곳에서 떨어져 있고 숲 생태계가 그렇게 많이 훼손되지 않은 공간을 산림이나 임원林園이라고 했다. 세 번째로 신유학 또는 주자학의 도학적 수준이 높은 사람으로 조선 후기의 조정에서 관직 체계와는 별정직으로 활동하던 사람도, 예를 들어 우암 송시열 같은 사람도 산림이었다. 사림士林 정치의 소산이기도 하다.

한반도는 산지가 70%를 상회하는 지형상의 특징으로 산山은 여러 측면에서 중요한 대상이었고 터전이었다. 서양에서는 언덕hill으로 부를 만한 곳도 산줄기와 연결된 것으로 보았던 조선시대 사람들은 숲으로 덮인 언덕도 산이었기 때문에 높은 봉우리의 산이 아니라도 언제나 산이라는 말을 즐겨 쓰곤 했다. 그리고 조선시대 500년 내내 전란을 제외하고는 산이 대부분 숲으로 뒤덮여 있었기 때문에 산과 숲은 대체 가능한 말이었다 해도 과언이 아니다.

조선시대의 나무와 숲에 대한 제도와 학문은 산에 대한 제도와 지식과 함께 여러 분야의 책에 흩어져 있었다. 물론 중원에서 집필되거나 조선에서 집필된 여러 농서農書에는 나무 식재 기술에 대한 항목이 들어 있다. 식재하는 시기나 삽목 기술도 있어서 참고가 될 만하다. 재미있는 것은 왕실에서 능원림을 조성한 기록들이 능지陵志에나 의궤儀軌 등에도 현대 산림학에 다루는 것에 해당하는 전통 지식과 기술들이 존재하고 실제로 사용되었음을 알려 주는 기록들이 있다는 점이다. 큰 숲과 명산의 존재는 국가 제사들을 등재한 『사전祀典』이나 『동국여지승람』 같은 정부 기록물에 존재한다. 또한 연료림인 시장柴場에 대한 제도도 『경국대전』과 같은 법전에 존재한다. 『경국대전』과 같은 법전 이외에도 왕이 결재한 문서의 철인 수교집록 같은 곳에도 어떻게 제도가 실행되었는가에 대한 실마리를 준다. 물론 『조선왕조실록』이나 『비변사등록』, 『승정원일기』 등에도 이러한 제도의 실행에 대한 기록이 있다. 조선 후기 봉산 지역에 대한 사항들도 관리들의 지침서인 만기요람 같은 곳에 등재되어 있다.

현대 한국의 필요에 의해서 조선시대의 산림학과 임업을 여러 측면에서 구성하여야 할 것이다. 실제로 조선시대 말기까지도 목재는 건축재, 선박재로 가장 중요한 재생가능 자원이었고, 난방과 취사에 필요한 중요한 에너지원이었으며, 그 다양한 용도로 인해서 조선시대까지 이어온 수천 년의 전통 문화에 큰 역할을 수행해 왔기 때문이다.

산림학forest science은 현대 과학의 분과추세에 맞추어서 나무와 숲이라는 자연 자원을 어떻게 장기적으로 지속가능하게 경영 및 관리할 것인가에 대한 상세한 서구적 대답이다. 나무와 숲을 실제로 키우고 만들고 보전하는 것을 임업forestry이라 정의할 수 있는데 이 현대의 임업은 현대의 과학적 산림학이 지식의 원천이면서 임업자체를 과학적으로 학문화해주고 있다. 그런데 서구적 전통의 과학 지식과는 그 수학적 엄밀성이나 다른 기초 과학과의 연계성이 그렇게 뚜렷하지 않은 동북 아시아적 전통 지식과 연결성이 있는 전통 임업은 분명히 재구성할 수 있다. 그리고 그것은 현대 한국의 산림학, 생태계 경영 등에 큰 도움을 주는 것이 분명하다.

현재의 산림청은 1894년 갑오경장을 기점으로 그 전근대적 모습이 시작되었다고 할 수 있다. 갑오경장 시기에 조선의 6조 체계가 폐지되고 임금을 중심으로 궁내부와 의정부의 이원화된 근대식의 관청 시스템으로 개편되었다. 의정부 산하의 여러 아문들 중의 농상공아문에 산림국山林局이 창설되었고, 그 이후에도

1910년의 일본식 직제 개편이 있기 전까지 약 15여 년간 농상공
아문 산림국 및 농상공부 농무국 산림과山林科로 존재했었던 역사
적 사실이 잘 알려지지 않았다. 산림청의 전신前身을 일제시대의
조선 총독부의 영림창營林廠, 영림서營林署라고 알려져 있었다. 하
지만 원래의 전신은 15년 정도 앞선 조선 말기-대한제국기에 있
는 것이다. 약 15년간의 엄청난 격동과 변화의 시대에 500여 년을
내려온 숲 관리나 제도들이 근대식으로 재편되어 나가기 시작하
다가 일제강점기가 들어 온 것이다. 산림국이나 산림과라는 이
름이 먼저 있었고 이후에 영림창과 영림서라는 이름이 일본으로
부터 들어 온 것이다.

　한국 최초의 근대법은 1908년 일본사람들이 뒤에서 조종하여
순종이 선포한 삼림법森林法으로 알려져 있다. 정부 조직과 마찬
가지로 500년이 넘은 조선식 용어 산림山林에 갑자기 일본식의 삼
림森林이라는 단어가 불쑥 끼어들었다. 사실은 조선 500년과 이후
의 대한민국 60년 중간에 일제시대를 포함한 50여 년을 같이 놓
고 볼 필요가 있다. 대한제국의 퇴장과 일제의 강점을 가장 극명
하게 비교할 수 있는 것이다.

　일본의 전근대 임업은 임진왜란 이후의 토쿠가와 이에야스德川
家康가 에도(현재의 도쿄)에 창설한 막부에서 편백, 화백, 나한백, 측
백, 금송 5개 수종의 토메키留木의 벌채를 엄금한 토메야마留山 제
도와 그 임업으로 본다. 메이지 유신 이후에 서구식(독일식) 산림
학을 근간으로 하여 현대로 발전하고 그 제도들을 변화시켜 나왔

다. 임진왜란과 병자호란 이후에 전후 복구를 통해서 조선에서
도 제도적 변화들이 있었다. 조선은 금산禁山 체계를 조정하고 청
나라와 이름이 비슷하게 봉산封山 체계를 시행한다. 조선시대의
임업에서 현대의 임업이 다양한 방식으로 연속성을 가질 수 있
다. 또한 나무와 숲의 관리를 이끌어간 조선의 제도와 행위의 배
경에 위치한 나무와 숲에 대한 인식과 그 맥락인 문화적 논리도
차츰 밝혀지고 있다.

이제 전통 임업과 제도와의 단절이 있었던 과거를 치유해야 할
시점이다. 지금은 여러 측면에서 전통과 현대의 연속성이 새로
운 방향으로 발전될 수 있다. 일본에게 국권을 넘겨주었던 조선
의 금산-봉산 체계의 임업은 실제로 일제가 조선 산림정책 전무
론에서처럼 무시하고 무단적으로 단절하였던 것처럼 그렇게 아
무런 시간적, 기술적, 사회적 연관성이 없이 폐기하고 버려야 할
별로 쓸모없는 것이었을까? 그리고 일제강점기시대에 그 덩어리
가 들어왔다고 생각되는 서구식 산림학보다는 오히려 그 이전의
조선시대의 한반도의 나무와 숲의 거시적 관리에서 21세기를 살
아가는 지금 여기와 미래의 지속가능한 숲 관리, 산림학과 임업
의 새로운 비전을 찾을 수 있는 여지가 많은 것은 무엇 때문일까?

조선의 이용 제한 공간

재생가능자원을 다루는 조선시대의 제도는 토지의 이용과 관련이 있었다. 대한민국의 앞에 한반도에 존재한 조선의 토지, 혹은 육상생태계는 ① 농업경제를 반영하는 경작 토지, ② 중세 도시라고 할 수 있는 도성과 여러 큰 읍치邑治, 그리고 ③ 산과 숲과 시내와 습지, 곧 산림천택山林川澤으로 구분할 수 있을 것이다. 물론 여기에 강과 바다라는 수중생태계가 연이어져 있었다고 할 수 있다. 조선의 앞에 존재한 고려는 토지경제의 기반인 전답田畓과 연료채취지에 이용제한을 가했기 때문에 문제가 많았다. 대장원을 소유한 귀족들은 산천을 경계로 하여 공간을 구획하고 있었다. 반면에 조선은 경작하는 토지는 몰라도 연료채취 행위가 발생하는 산림천택에는 공유지로 하는 정책을 지속적으로 추진했었다. 이른바 산림천택여민공지山林川澤與民共之라는 슬로건으로 대표된다.

하지만 조선의 산과 숲과 시내와 습지의 모든 공간이 공유지, 곧 이용의 제한이 없는 채로 유지되었던 것은 아니다. 특정한 용도를 위해서 백성들의 이용을 제한한 공간이 국초부터 설정되었다. 최근까지의 연구에서는 이러한 이용의 제한 구역이 ① 서울의 경관보전을 위한 내외의 도성 사산(금산), ② 선박 건조에 필요한 목재를 공급하는 금산禁山이나 봉산封山, ③ 국가의 군사훈련과 국왕의 수렵을 위한 강무장講武場, ④ 말을 기르는 목장, ⑤ 국가 기관 혹은 관청의 땔감을 공급하는 연료공급지 시장柴場 등으로 나누

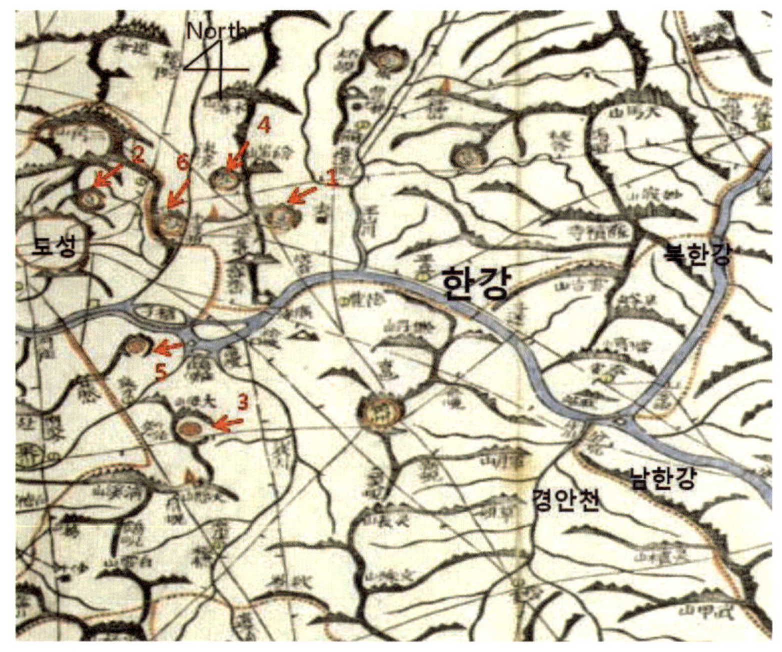

그림 9-1. 전통 지도의 왕릉 표시

대동여지도 같은 전통 지도에는 붉은 색 원으로 왕릉을 표시하여 두고 있다. 도성 주변의 한강 북쪽은
양주(楊洲)이고 남쪽은 광주(廣州)였다. 양주는 현재의 서울 동북부(동대문구, 중랑구, 성북구, 노원구 등)를
포함하여 구리, 남양주, 의정부, 양주, 동두천을 잇는 넓은 지역이었다. 광주는 현재의 서울 동남부(강동구, 송파구,
강남구, 서초구 등)를 포함하고 성남, 하남, 현재의 경기도 광주를 포함하는 지역이었다. 양주에는 건원릉(1),
정릉(2), 태릉(4), 의릉(6) 등이 도성 가까이에 있었고 좀 더 동쪽으로는 광릉이 포함되어 있었다.
광주에는 헌릉(3)이나 선릉(5) 등이 한강 건너편 도성 가까이에 있었다.

었다. 물론 여기에 ⑥ 변방이나 진영지에 주둔하는 군사와 그 가
족들이 경작하는 둔전屯田도 아마 포함될 수 있을 것이다. 수중생
태계와 연접한 이용 제한 구역은 ⑦ 어전漁箭과 ⑧ 소금가마鹽盆가
설치된 곳이 있었다.

그런데 이용 제한 공간으로 설정된 곳들은 더 있었다. 첫 번째

는 능원림이고 두 번째는 제사를 지내도록 한 명산, 대천, 포구라고 할 수 있다. 앞에서 열거한 8가지 이용 제한 공간이 조선의 육조체계에서 공조, 호조, 병조와 왕실 궁방 등에 관련이 된 것이라면, 이 능원림과 명산, 대천, 포구 같은 이용제한 공간은 주로 예조禮曹의 관할권에 속하는 것이었다. 우선 왕토王土사상에 입각한 왕과 왕후의 왕릉과 능원이 상당히 넓은 면적의 산림천택을 점유하고 있었다. 이른바 능원림은 일반인들의 출입이나 벌채, 장묘 등이 엄금되어 있었다. 토지 및 공간 이용에 법제적 제한이 가해지고 있었다. 왕릉과 능원은 전통 지도에도 상당히 중요한 경계표로서 중요한 위치를 차지하고 있다(그림 9-1).

토속민속신앙을 통해서 명산과 대천과 바다에는 신들이 존재한다고 믿은 조선 사람들은 그에 대해 제사하는 제장祭場을 가지고 있었다. 그런데 대천과 바다의 신에게 제사를 드리는 제장은 그렇게 큰 제한 공간을 차지하지 않았지만, 명산에는 제당이 있으면서 그 산과 숲을 신성시 하는 면에서 토지 공간 이용에 제한성이 가해지고 있었다. 유교적 국가도 종교적으로는 다신교적인 요소들이 있고 그것은 동북아시아 전통에서 하늘과 땅에 관련된 국가 제사와 의례가 형성되었다. 조선은 종묘와 사직 외에도 제사 드리는 것이 많았고 이런 것은 모두 예조禮曹의 『사전祀典』의 체계로 자리 잡는다. 고대 사회의 수목숭배의 영향을 간직한 사직社稷대제는 원구(환구)와 종묘대제와 함께 가장 크고 높은 대사大祀로 구분되어 있어서 왕의 친제나 고위관료의 섭제로 거행되었다.

태조 이성계는 조선을 건국한 이듬해인 1393년 전국의 명산, 대천, 성황, 해도의 신에게 봉封하는 절차를 따른다. 개성의 송악 성황松嶽城隍을 진국공鎭國公, 화령, 안변, 완산 성황을 '계국공啓國公', 지리산, 무등산, 금성산, 계룡산, 삼각산, 백악 등 여러 산을 '호국백護國伯'으로 봉하고 도성인 한양의 사산四山도 이와 같은 봉하는 절차를 시행하고, 1395년 현재의 경복궁 뒷산인 백악산의 단山川壇에서 제사를 지내고는 경대부와 사서인들은 제사를 올리지 못하게 한다. 이러한 과정을 '봉강封疆'이라고 하고 왕의 통치 강역의 중심점을 높은 산高山으로 구획하는 의미를 지닌다. 이후에 지방에 있는 명산, 대천, 포구, 해안 등에는 부주군현의 지방관이 제사를 올리도록 정리된다. 이른바 악해독嶽海瀆이라고 한다. 산악에는 지리산, 북한산삼각산, 비백산鼻白山, 백두산의 4악이고, 동해는 양양, 남해는 나주, 서해는 풍천에 바다신 제장이 있었다. 독瀆은 공주의 웅진熊津, 양산의 가야진伽倻津, 한강은 도성, 장단의 덕진德津, 평양강은 평양, 압록강은 의주, 두만강은 경원 등에 제당이 있었다.

이렇게 토지와 관계된 곳에 대한 제사는 그 지역의 토지와 국토의 관리를 의미하였고 당대의 가뭄이나 홍수와 같은 자연 재해에 대한 대책이기도 했다. 태종 16년(1416년)에 가뭄이라는 재해를 당하자 옥천 부원군 유창이 상서하여 자연신에 대한 숭배를 다시 강조하는 대목이 있다. "『사전』에 실린 사직社稷과 산천의 신은 모두 재앙을 막고 환란을 막을 수 있고 구름을 일으키고 비를 내려서 만물을 재성財成하는 것인가 합니다. 그 제사 지내는 것은 곡식을 비는 경우도 잇고 복을 비는 경우도 있고, 보답에 감사하는 경우도 있는데, 전물奠物을 힘써 풍성하고 깨끗하게 하여 그 정성을 다하는 것이 마땅합니다"(『조선왕조실록』, 태종 16년 1월 25일)라고 한다. 이러한 악嶽, 독瀆, 산山, 천川에는 서해와 남해의 여러 섬들도 포함되었고, 세종대의 표현을 빌자면 "영험靈驗한 공간"(『조선왕조실록』, 세종 11년 11월 11일)이었으며 대부분 조선 조 이전부터 민간 토착 신앙에 의해서 일찍부터 경배되던 곳이었다. 조선 왕실과 지도층이 민간 토속신앙을 유교적인 국가 제사 체계로 통합한 현저한 사례이다. 그리고 이러한 영험한 명산과 대천의 목록은 예조가 관할하는 유교식 국가 제사 관련 규정에 해당하는 『사전祀典』과 『동국여지승람』에 대부분 등재되었다. 보통 중사中祀나 소사小祀에 편재되어 있었다.

명산대수名山大藪와 화전火田 문제

조선과 일본의 전쟁(임진왜란), 조선과 여진족의 전쟁(병자호란)을 거친 후에 국가의 기강이 해이해져서 백성 중에서 국가의 의무인 역役을 피해서 높은 산에 깊이 들어가 벌채를 하고 불을 지른 후에 해갈이 경작을 하는 사람들이 많아졌다. 조선 후기에 화전민이 많이 생겨난 것이다. 이것은 많은 문제를 발생시키고 있었다.

17세기 숙종 원년(1675년) 무렵에 영험하고 높은 국가 지정 명산名山과 큰 숲大藪 등에도 수백 년 수목을 장양한 공간들, 곧 누백년 장양지지累百年長養之地가 하루아침에 민둥산으로 만들어 버릴 수 있는 위험이 평지를 떠나서 산으로 들어간 사람들이 일군 화전火田에 도사리고 있었던 것이다. 이제까지는 이러한 문제들이 별로 심각한 수준이 아니었지만 숙종대 이전에 이러한 사회적 문제들이 지속적으로 발생하여 숙종 원년에 영험하다고 인정되어 국가 제사 목록(『사전』)과 『동국여지승람』에 등재된 제사를 드리는 산들을 중심으로 한 명산名山에 화전을 금지하는 사목을 발령하게 된다(「화전금단조건급상목종식등사목」). 선박건조를 위한 금산이나 봉산 및 황장목을 장양長養하는 황장금산 혹은 황장봉산에도 주로 소나무숲이 잘 길러지고 목재생산을 위한 이용제한 공간과는 또 다른 측면을 보여준다. 이 사목은 화전을 금지하는 것과 함께 뽕나무를 심으라桑木種植는 왕령을 같이 포함하고 있는데, 화전금지조건부분에 집중하면 화전금지조건사목이라 불러도 된다.

1675년의 화전금지조건火田禁斷條件사목에서는 각 도道와 읍邑의 지방관들이 이러한 화전민들을 단속하고 등재되어 있는 명산과 큰 숲들은 철저히 경작을 엄금한다. 또한『사전祀典』과『동국여지승람』에 등재되지 않은 산이라도 "산이 크고 깊거나 골짜기가 길고 큰 숲으로서 수목을 기르고 짐승을 번식시킬 수 있는 곳은 역시 모두 엄금하라. 아무 고을 아무 경계의 경작을 금하는 곳은 어디서부터 어디까지라고 일일이 아뢰고 또한 장부를 작성하여 본사(비변사)로 보내어 앞으로 조처할 수 있도록 하라"는 왕명을 내린다.

대신에 "근년에 와서 인구가 날로 늘어나 (…중략…) 두메 백성들의 생계가 막막하니 매우 염려가 된다. (…중략…) 『사전』과 『여지승람』에 등재되어 있거나 높고 깊은 산이 아니라면 굳이 모두 경작을 금할 필요는 없고 나지막한 산, 끊어진 언덕, 크고 작은 구릉은 백성들에게 경작하도록 허용한다"는 왕명을 발령한다.

이러한 숙종원년의 화전금단조건 사목事目의 발령은 민간토속신앙의 대상이었던 명산과 큰 숲을 보전하는 조처를 화전민의 급증과 관련하여 보여준다. 그리고 이와 같이 수백 년 거대목 공간, 곧 누백년장양지지累百年長養之地를 보전하는 것이 왕실의 관곽재인 황장소나무, 건물의 큰 기둥감이나 서까래감, 선박재의 판재 등의 목적에서도 시행되었을 뿐만이 아니라 토속민간신앙의 대상이었던 명산과 큰 숲의 보전에도 경작과 화전을 금지하는 조처가 이루어 진 것을 알 수 있다.

우리도 거대목 숲 관리를 할 수 있어야 한다

최근의 과학 기술로 측정한 소나무 개체목과 숲(임분) 성장곡선이나 수확표를 들여다보면 조선시대와 같이 최대 3자(90cm) 정도의 대경재 소나무를 키워 내려면 적어도 200년은 키워야 한다는 추산이 나오는 것 같다. 대들보가 가끔은 큰 기둥보다도 더 굵은 목재를 요구하는데 그래도 2자 5치 정도가 되게 키우려면 적어도 150년은 길러야 한다. 1865~1868년에 이루어진 경복궁의 중건에 필요한 소나무재가 없었다는 것은 적어도 1710년대에 한반도의 소나무숲에서 발아하여 150여 년 후에 인간이 베어 쓸 수 있는 지역에 자라나기 시작한 치송稚松이 아송兒松의 단계를 거쳐서 소송小松, 중송中松, 대송大松까지 자라나는 데에 여러 가지 환경적, 인위적 변수들이 저해 했다는 사실을 말한다. 인위적인 변수로는 150여 년의 반인 70~80년생이면 충분하니까 그냥 베어 쓰고 말아 버린 인간의 결정이 있었을 것이고, 그렇게 지나가니 또 다음 세대의 소나무들도 그런 운명을 껴안게 된 것이다.

경복궁 근정전 대들보와 큰 기둥에 쓸 만한 200년 묵은 소나무는 하나의 역사적 실체일 것이다. 조선의 22대 국왕 정조에서 23대 국왕 순조로 교체되는 시기 무렵에 한반도 어디에든지 발아하기 시작한 소나무였어야 한다. 그 때에 치송稚松의 시기를 지나는 소나무들을 한반도에 사는 인간이 얼마나 오랫동안 그냥 자라도록 내버려 두었느냐에 달려 있는 것이다. 2000년대에 새롭게 중건된 경복궁 근정전 대들보와 큰 기둥에 쓸 만한 200년 묵은 소나무는 왕조도 지나가고, 일제강점기와 제2차 세계대전, 그리고 한국전쟁이나 이후의 분단의 시기를 다 지나 온 그런 소나무를 인간이 문화재라는 미명으로 베어서 사용했어야 할 것이다. 만약에 그런 소나무를 베게 되는 데 어떤 외경심이 우러나지 않는 다면 그 사람은 좀 이상한 사람일 것이다. 소나무벌채 전의 벌목 의례가 있는 것은 어쩌면 당연한 일일 것이다.

2000년대 초반을 살고 있는 급하고 안목 좁은 우리가 조선시대 선조들만큼도 할 수 있을까? 우리의 후속 세대에게 100년, 200년을 키우는 것을 가르쳐 줄 만큼 우리도 이러한 거대목 보전 혹은 장양을 제대로 인식해야 할 것 같다. 또 알고 있어도 온갖 변명과 이유를 들어서 이런 잣대를 없애 버리려는 유혹에 휩쓸리지 말아야 하겠다.

환경의 시대 선진국 시민으로서의 자질은 이렇게 소나무 거대목과 숲을 100년, 200년을 키우고 보전할 만한 개별적 안목과 사회 윤리를 가지는 것에서 시작될 것이다. 독일과 프랑스 사람들이, 미국과 캐나다 사람들이 자신들의 수목을 가지고 그렇게 하는데 우리는 왜 못할 것인가?

제10장

숲의 뱃노래와 건강노래

배를 만드는 목재와 근대화

유럽인들이 대양 항해를 해서 아프리카, 동남아시아, 중국, 일본 및 아메리카 대륙으로 옮겨 다니면서 세계는 근대화의 물결에 접어들었다고 할 수 있을 것이다. 20세기 초까지도 대양 항해에 사용된 유럽의 배는 거의 모두 목재로 만들어 졌다. 현재 우리가 보는 배와는 그 재료가 완전히 달랐던 것이다. 서부 유럽의 참나무를 중심으로 한 목재 관리는 대양 항해 범선을 만들기 위한 자원의 육성과 관련이 아주 깊었다. 이러한 것이 유럽의 근대화 과정을 통해서 과학이라는 엄밀한 학문적 작업과 성과와 연계되어 근대 조선학造船學과 산림학山林學이 생겨났다고 볼 수도 있을 것이다. 물론 경제학과의 만남은 경제성 있는 선박재와 연료재의 확보와 연결된 생산경제 패러다임을 그대로 산림학에 적용하도록 강요했다고 볼 수 있다. 그리고 그것이 과학적이고 근대적인 산림관리의 표준으로 자리 잡았다. 근대 산림학의 발달이 이루어진 초기(18~19세기)에는 장기적으로 지속적인 수확sustained yield을 거둘 수 있도록 경제적 가치가 높은 유럽참나무나 침엽수의 단순림을 관리하는 것이 가장 중요한 골자를 이루었다. 이후에 여러 수종이 여러 연령의 개체들이 자라는 숲을 관리하는 것으로 그 관리의 대상이나 기술이 발전하였다. 현대에는 숲의 다목적 관리나 생태계 경영ecosystem management으로 자연에 가깝게 경영하는 것으로 바뀌고 현재에는 지속가능한 숲 관리(SFM, sustainable forest management)가 패러다임이다.

서구의 임업에서 근대화라고 하는 것은 왕실사냥 같은 문화적 활동을 주목적으로 숲을 보전하던 전통이 경제적 목적의 벌채와 같이 하는 전근대의 '문화사회 임업culturo-social forestry'에서 자본주의적 경제에 맞추는 경제성 '생산 임업production forestry'으로 전환된 것을 가리킨다고 해도 과언이 아닐 것이다. 이것은 독일을 중심으로 일어났고, 이후에 유럽 대륙 서쪽의 프랑스에서도 이러한 유형의 임업들이 시행되었다. 그런데 이러한 유럽의 임업과 함께 목재의 수요가 급증하고 목재 수출국과 수입국의 국제 무역의 대상이기도 했다. 예를 들어 조선업이 발달한 네덜란드에 발전된 현대 독일의 목재가 수출되는 현상이 있어 왔다. 또한 나침반을 이용한 대양 항해의 성행으로 유럽 사람들이 지구의 전역을 누비고 다닌 16세기 이후의 세계는 '서구화'라는 거대한 문화적 흐름을 만들어 내었다. 현대 문화의 의식주 전반에 걸친 서구화는 현대화라는 이름으로 진행되어 왔다. 예를 들어 전 세계인들이 일상 의상이나 스타일을 바라보면 크게 보아서 별로 다르지 않다. 말끔한 양복과 양장의 스타일은 분명 과거 100여 년 전에 우리 선조들의 의상과는 완전히 다르지만 현대의 세대들은 이러한 현대 문명의 산물들이 더욱 친근한 것이 사실이다. 선조들의 의상이 오히려 더욱 낯설어져 있는 것이 사실이다. 양복과 양장의 원래의 모습을 찾는 다면 유럽의 중부에 있던 과거 고대 인족 켈트족의 의상에서 기원하였다고 볼 수 있다. 현대의 의복에서 보는 것처럼 서구적 근원을 가지고 있는 것이다.

최초의 대양항해 선박들은 유럽의 숲에서 벌채한 목재들로 만들어 졌다. 포르투갈이나 스페인의 함대를 구성한 목재는 어디서 나온 것일까? 네덜란드, 프랑스, 영국의 범선들은 자국의 숲에서 벌채한 목재를 가지고 대항항해에 필요한 범선을 만들었다. 목재 기근 혹은 대경재 고갈 같은 현상이 나타나자 이웃의 유럽 목재 수출국에서 목재를 수입하든지 아니면 조선업이 발달한 네덜란드에서 만든 목재선박들을 구매하여 전 세계를 누비게 된 것이었다. 이후에 신대륙이 발견되니 북아메리카의 산림을 벌채하여 목재범선들을 만들기 시작하였다. 20세기 초기까지만 해도 목재로 만든 배가 주류였다가 증기기관의 발견과 강철로 만드는 배가 도입되면서 기선이 나타나고 기름이나 원자력 연료로 운행하는 엔진을 가진 배들이 만들어 진 것이다.

조선의 배들을 위한 소나무숲의 관리

조선과 청나라 같은 동북아시아의 전근대 사회에서도 모두 배를 목재로 만들었다. 한반도의 고대 및 중세 사회에서도 목재 선박을 만들기 위해서 숲을 조성하고 관리한 사례는 상당히 풍부한 편이다. 간략하게 살펴보면 기원전 1세기에서 7세기까지의 고구려나 백제, 신라, 가야에 서해와 동해를 건너다닌 배들이 있었다. 이때의 만주-한반도의 자연환경은 지금보다는 더욱 대규모의 숲 생태계가 있었을 것이고 인구수에 있어서도 지금과는 비교도 되지 않을 만큼의 작은 인구가 토지의 생산력에 의존해 있었다. 따라서 배를 만드는 목재도 직경이 큰 대경재 나무나 고려나 조선시대의 경우는 소나무를 벌채하여 강이나 해안을 통해서 운반하기 쉬운 곳에서 벌채하는 것이 주류였을 것으로 보인다.

고려시대 태조 왕건은 개성과 황해도 일대의 해상 호족 세력이기도 했다. 고려사의 왕건의 조상들의 설화나 왕건 자신이 후고구려(태봉)의 수군사령관으로 후백제의 전라도 나주 지역을 점령한 사실에서도 이를 짐작할 수 있다. 북방의 거란과 금金나라 같은 나라와는 달리 중원의 한족 국가인 송나라와 고려는 예성강 포구에서 서해를 건너다니는 상선商船 교역을 빈번하게 하였다. 고려 원종 대에 몽골과 화친한 이후에 몽골의 대칸 쿠빌라이(원 세조)가 일본을 원정하기 위해서 선박재를 대규모로 벌채한 곳도 변산반도 지역이었다. 전라도 강진에서 나는 고려청자와 송의 자기는 서해를 건너다니는 교역품이기도 하였다.

조선 초기에는 황해도, 충청도, 전라도의 서해 연안과 전라도 경상도의 남해 연안에 걸쳐서 소나무 선박재 소나무숲을 관리 하는 의송처宜松處를 설정하여 각 도의 해군 본부인 수영水營에서 수군水軍이 관리하도록 했다. 육지의 외방금산外方禁山과 같은 양식으로 관리하였다. 선박재 소나무숲을 조성하기 위해서 동원된 인력은 주로 군역軍役의 의무를 진 양인良人들이었다. 조선造船은 주로 수영水營 관할하의 지방 수군들이 주로 담당하였고, 부수적으로 선박재 물량의 조달에는 육지의 감영監營 관할하의 육군이 동원되었다. 각 포구의 수령, 만호萬戶 및 천호千戶가 병선의 관리를 맡고 있었는데, 선박의 건조와 수리에 관련된 벌채에 대한 책임과 함께 파종과 식재에 의한 소나무숲의 조성도 군졸을 동원해야 했다.

수백 년 기른 소나무숲, 곧 누백년장양지지累百年長養之地가 존재한다는 것을 인식하고 있었던 것에 비추어 소나무숲을 조성하고 높이 길게 기르는 장양長養, 곧 장기간의 자원육성에 대한 인식이 조선시대에 이미 존재하였다고 할 수 있다. 200~300년 된 소나무를 기른다는 의식이 이미 조선 중기 내지는 후기에 존재한 것은 굉장히 중요한 사실이다. 물론 왕실의 관곽재(황장목)라는 문화적 이유로도 황장금산이나 황장봉산이 지정되어 200~300년 된 소나무를 골라서 궁궐에 보관하였던 것은 문화사회적 이유에서 소나무 거대목을 보전한 것이기도 했다. 거기에 더하여 전통 목재 건축물 대경재를 위해서도 소나무 거대목을 보전하기도 하였다. 또한 배를 만드는 데 필요한 판재를 오랫동안 높이 길게 기르는 '장양長養'의 개념이 존재했던 것이다.

전근대 사회인 조선에서도 거대목을 보전하는 것에 비견되도록 대경재 운반의 기술적, 공학적 문제가 아주 큰 문제였었던 것으로 보인다. 따라서 이러한 거대목을 보전하고 그 숲을 관리하는 지역도 해안의 섬이나 해안에서 그리 멀리 떨어 지지 않는 곳을 선택하였던 것 같다. 그리고 그곳에 함부로 들어가 벌채를 못하게 하기 위한 조처들이 시행되었다. 선박재 재생가능자원인 소나무를 장양하는 조선 연해 섬島과 곶串은 이미 거주민이 있으면 섬 밖으로 이주시키고 수십 년에서 백여 년에 이르는 기간 동안 소나무숲을 조성한 것으로 보인다. 조선 각 주현州縣의 국가지정 소나무숲은 관리경계를 정해서 목재나 석재 혹은 암석 위에 각석하는 등의 금표, 봉표를 세우고 그 경계지역을 지정하여 기록으로 남기는 '정계문서定界文書'를 작성하였다. 크기나 연령에 따라서 대송, 중송, 소송, 그리고 치송稚松이나 아송兒松이라고 할 정도로 구분하는 범주가 있었으며, 금표 내 지역의 크기 구분 별로 본수本數를 일일이 세어 조사하여 장부를 만들었다. 장부는 모아져서 연말에 상급기관에 보고되어야 했고, 상급의 기관에서 감사摘奸할 수 있도록 되어 있었다.

　조성된 소나무숲의 금산禁山, 봉산封山으로서의 관리에는 도별 수영의 책임하에 금송도감관禁松道監官, 면감관, 감색, 산직 등을 두고 있었다. 이미 조성되거나 지속적인 보전이 시행되는 소나무숲에 대한 법제적 관리와 법률위반 행위에 대해 '방금사목防禁事目'과 같은 지침이 존재했다. 금표 내지는 봉표 내에서는 경작, 장묘, 화재 등이 금지되어 있었고 어기면 처벌을 받게 되어 있었다. 봉산 체제로 바뀐 조선 후기의 봉표가 세워진 소나무숲의 관리 규모도 길이와 넓이가 30리(약 12km)의 대규모 숲, 10리 이상 30리 이하 면적의 중간규모 소나무숲, 길이와 넓이가 10리(4km) 이하의 소규모숲에 할당된 산직山直과 감관監官의 수가 달랐다.

　이렇게 조선시대에 해안가와 해안에서 가까운 섬들에 금산과 봉산으로 지정하여 장양한 소나무숲은 조선 수군의 병선이나 조세를 운반하는 조운선의 뱃노래가 들려오도록 하기 위한 것이었다고 표현할 수도 있겠다.

안면도와 보령 충청수영의 사례

　충청남도 서해안의 안면도도 변산반도와 마찬가지로 고려시대부터 재목을 길러 궁실 건축용 및 선박제조용 소나무 목재를 많이 생산한 곳이다. 안면도와 변산반도는 이렇게 소나무를 길러서 목재자원으로 쓰는 전통적 임업기술과 철저한 보전이 시행된 역사가 오래된 지역이다. 소나무를 길러서 선박으로 도성 개성이나 한양으로 운반해 갈 수 있는 좋은 지리적 여건을 갖춘 곳이기도 했다. 안면도는 조선시대에 물길을 위해서 원래 육지와 붙어 있는 곳을 일부러 바닷물이 지나가게 해서 만든 인공적으로 지형을 바꾼 대표적인 사례이기도 하다. 안면도와 변산반도의 소나무숲은 각각 충청수영과 전라수영의 관할하에 있었다. 조선 초기의 『경국대전』 '공조 재식조'에도 "안면도와 변산반도는 해운판관이, 해도海島는 만호가 자세히 살피고 해마다 봄에 어린 소나무를 재식하거나 종자를 심어서 기르고 연말에 심은 숫자를 조정에 보고하도록 한다"고 되어 있을 정도로 유명한 인공 소나무숲 조성지역이다.

안면도 소나무의 우수성은 태백산맥과 소백산맥 사이의 양백지방의 금강소나무에 못하지 않다. 조선 중기 18세기 정조대(1794년)에 수원의 화성을 건설할 때에도 안면도의 소나무가 상당수 벌채되어 사용되기도 하였다. 19세기 창덕궁 인정전의 수리 공사에도 안면도에 제법 많은 물량의 소나무재가 할당되었다. 안면도에는 조선 후기 충청도에 지정된 봉산의 수효에서도 압도적으로 많은 수를 차지하고 있었다. 이것은 동여도나 대동지지 같은 전통지도에 잘 나타나 있다. 이렇게 안면도에 소나무숲이 적어도 1,000년 이상의 소나무 임업이 시행된 것은 아주 굉장한 역사적 의미를 가지고 있다. 소나무의 전통 파종 및 식재 기술이 실제로 시행되었던 현장이었기 때문이다.

　조선 왕조의 안면도 소나무숲 관리로 시기적으로 가장 가까운 사례에 해당하는 것은 홍선대원군이 섭정하던 시기의 충청수영의 대규모 소나무 파종-식재 보고서(충청수영소관 도륙연해읍진송전표 내임신조식송수효급산명주회병록성책, 고종 10년(1873))에서 알 수 있다. 모두 230개소의 소나무 파종 및 식송지에 소나무 조림을 실시하였는데, 그 대규모 식재지는 안면도가 포함된 서산군, 태안군, 홍주군, 비인군, 보령군이 포함된다. 그중에서 안면도가 전체 230여 개소 중 57개소를 차지하여 최대 면적의 소나무림을 조성하려고 시도한 것으로 나온다. 1873년 고종 10년은 홍선대원군이 상갓집의 개라는 소리를 들으면서 천대받다가 풍양 조 씨 세력과 연합하여 집권한 지 얼마 되지 않은 시절이다. 또한 경복궁의 중건이 고종 2년 1865년에 시작되었고, 이듬해 경복궁에 화재가 난 적이 있은 이후의 몇 년 지난 시점이다. 이러한 시점에 충청수영을 중심으로 대규모 소나무 식수 사업이 시행된 것이다. 안면도를 포함하지만 그 보다 광범위한 지역에서 대규모의 식수사업을 벌였다고 보고서는 말하고 있다. 이 대규모 식수는 소나무숲의 장양을 위한 것이었을 것이다. 안면도의 소나무숲은 선박재 목재를 주요 목적으로 조성하고 관리한 역사가 1,000년이 넘은 소나무숲이다. 충청수영은 보령에 위치했다. 현재는 보령은 머드축제로 외국인들에게 잘 알려져 있는 곳이다. 그런데 충청수영에서 서쪽으로 바다를 건너면 바로 안면도가 된다. 그리고 안면도를 둘러싼 태안 지역 대부분이 소나무 식재 지역으로 포함되어 있다. 보고서와 같이 그대로 식재 되었다면 19세기 중반의 가장 큰 대규모 식수 프로젝트로 평가 될 수 있을 것이다. 일제시대에는 안면도의 소나무숲이 일본회사인 마생상점으로 넘어가서 그 이전부터 보전되어 오던 안면도의 소나무숲의 굉장한 물량이 벌채되었고, 그 이후 한국전쟁과 사회적 혼란을 통해서 많은 숲이 훼손되었다. 그럼에도 불구하고 아직도 안면도 숲의 전체 60% 이상이 소나무숲이다.

19세기의 고종대에서 300년 정도를 거슬러 올라가 보면 영웅 이순신의 시대가 된다. 이순신 장군의 임진왜란 때의 직함이 '삼도수군통제사'이다. 충청수영, 전라수영, 경상수영에 있었던 조선 수군의 최고 수장이었다. 조선 수군이 날렵한 삼나무 군선을 타고 몰려오는 일본 수군에 맞섰던 판옥선과 거북선 이하 여러 군선軍船들은 모두 전라수영을 중심으로 하는 소나무로 혹은 일부는 해송으로 만들어졌다. 소나무와 해송 다음으로 많이 쓰인 목재는 참나무 중에서도 상수리나무이다. 판옥선은 경상도, 전라도, 충청도에서 조세를 거두어 운반하는 조운선漕運船으로도 이용되었다. 20세기 이전에 유럽이나 동북아시아의 모든 배가 목재로 만들어진 목선이었다는 점에서 수군의 수장이었던 이순신과 그 부하 장수와 사졸들이 수영자체나 군선과 무기들을 관리하였을 것은 자명한 일이다.

충청수영뿐만이 아니라 경상수영, 전라수영에서 선박재를 길러내는 16세기 조선 남부 해안의 울창한 소나무숲을 관리하고 벌채 했다는 것을 인식할 필요가 있다. 임진왜란 이후에는 인구가 증가하고 온돌의 보급이 이뤄지면서 목재 수요가 급증하여 봉산 체계로 전환하는데 특별히 선박재를 위한 봉산으로 '선재봉산船材封山'이라는 이름을 가진 소나무숲이 지정되고 관리되었다.

김훈 소설 『칼의 노래』를 보면 정유재란 때의 이순신 장군이 수영을 관리하는 모습과 함께 선박재를 위해서 벌채하는 장면들이 잘 묘사되어 있다. 목포 영산강 앞 고하도로 수영을 옮긴 이순신이 "섬의 동북쪽 산에 키 크고 곧은 해송들이 빽빽해서 배 만들 목재를 얻기에 좋았다. 산이 경사가 급해 베어낸 목재를 끌어내기가 어려워 보였다. 도착하던 다음날 군사를 풀어서 산을 남쪽으로 비스듬히 우회하는 산판길을 뚫게 했다"고 묘사하고 있다. 포로로 잡은 일본수군을 동원하여 벌채하는 모습도 묘사되어 있다. "벌목 작업에 투입한 적병 포로 두 명이 산속 작업장에서 죽었다. 내항에서 전선 보수 작업을 점검하다가 보고 받았다. (…중략…) 바위에 깔린 포로의 몸뚱이는 으스러졌다. 머리통이 깨어져 얼굴을 식별할 수 없었다. 끌어내리던 통나무가 비탈 중턱에 비스듬히 걸려 있었다. 아름드리 소나무였다. 나이테가 촘촘해서 결이 단단했고 송진이 많았다. 배의 밑창 감이었다." 이순신이 판옥선과 거북선을 몰고 다녔던 남해와 나주 앞의 서해의 주변의 도서는 모두 조선 초기부터 소나무를 장양長養하기 위해서 보전

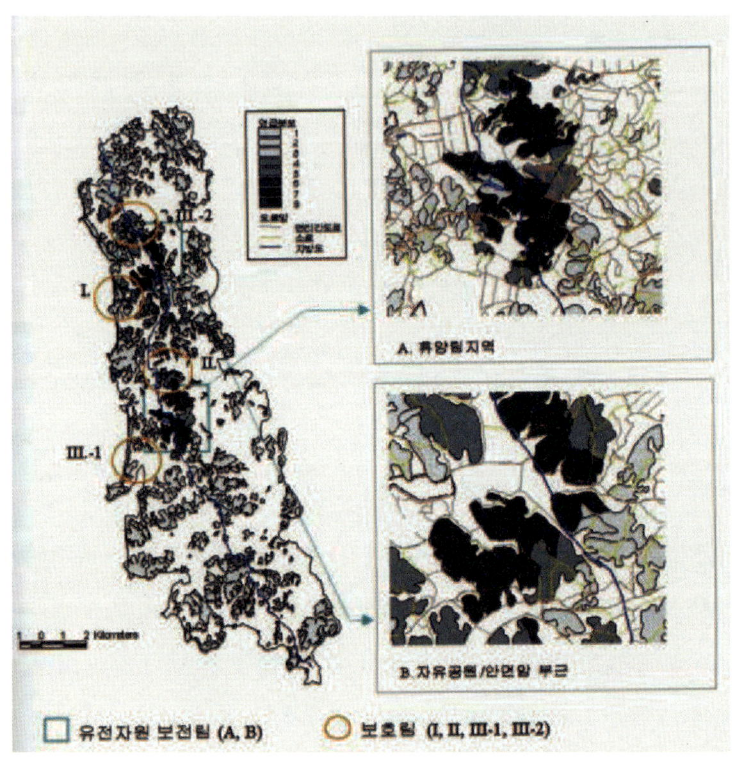

그림 10-1. 안면도의 휴양림이 포함된 유전자원 보전림

안면도유전자원 보전림은 현재 휴양림(A)과 함께 바로 주변 지역(B)을 포함하고 있는데
소나무의 나이가 대부분 60년에서 90년 정도 되는 것으로 조사되었다.
자료출처 : 고려대 자연환경보전연구소, 『우량 안면 소나무림 보존 기초 용역조사 보고서』, 한국수목보호연구회, 2000, 67쪽.

하고 관리하던 의송처였으며 금산이었고, 임진왜란 이후에도 봉
산 혹은 선재 봉산으로 지정되어 수군에게 관리를 맡겼던 소나무
숲이 많았다. 물론 19세기에 간빙기가 찾아오고 온돌이 한반도
남부지역까지 파급되면서 연료재의 수요가 굉장히 급증했던 것

한국인과 숲의 문화적 어울림

을 감안하고 지방정치의 문란 및 일제시대 이후의 혼란을 생각해 보면 최소한 백 년 혹은 수백 년 전의 장양된 소나무숲이 있었을 것을 상상할 수 없게 만드는 현재의 경관은 이해가 된다.

새로운 문화사회적 가치로

2000년도에 고려대학교 자연환경보전연구소(현 환경생태연구소)와 한국수목보호연구회가 기초 조사한 바에 의하면 일제시대와 지난 50년간의 훼손에도 불구하고 현재의 안면도에는 나무의 나이가 60살 이상(60~100살)인 소나무숲이 존재하고 그중에 유명한 곳은 안면도 자연 휴양림으로 조성되어 있다(그림 10-1). 강원도 강릉 성산면 어흘리의 대관령 자연휴양림의 소나무숲이 89~90년생으로 파종에 의해 조성된 장대통직長大通直 소나무숲이니 비슷한 식재 역사 혹은 천연 갱신 역사를 가진 소나무숲들이다. 이 안면도 숲은 소나무의 크기가 15~25m 되는 장대통직한 소나무숲이 있는 곳으로 미학적으로도 정말 아름다운 곳에 속한다. 이러한 높이의 소나무들의 연령은 30년에서 100여 년에 이르고 있다(그림 10-2). 60년생에서 90년생에 이르는 거대목 소나무들은 대략적으로 130여 년 전인 1873년의 대규모 식재 이후의 다음 세대 정도 되는 소나무가 아직까지 남아 있는 것 같다. 안면도 승언리 자연

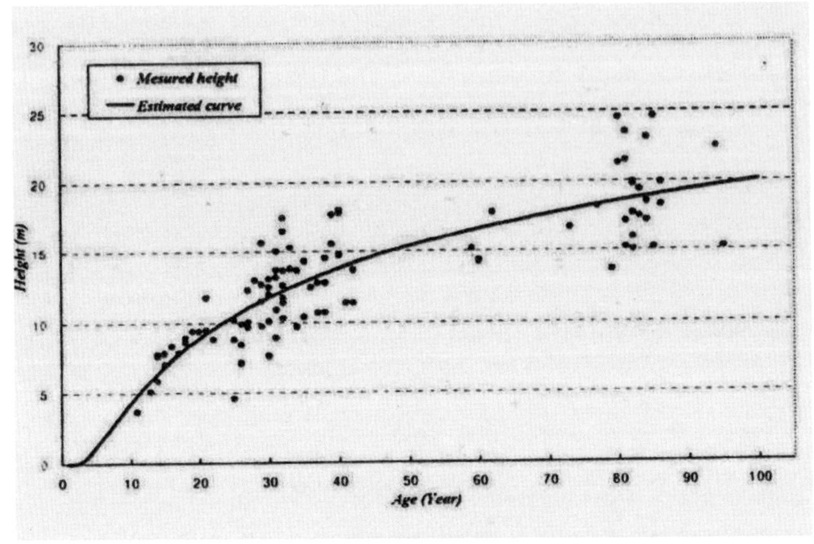

그림 10-2. 안면도의 소나무 개체들의 높이와 나이와의 관계에 대한 곡선

안면도 지역의 소나무 개체들 중에서 높이가 15m에서 25m 사이에 해당하는 거대목인 경우
나이가 30년에서 100여 년 사이가 된다는 것을 보여준다.
자료출처 : 고려대 자연환경보전연구소, 『우량 안면 소나무림 보존 기초 용역조사 보고서』, 한국수목보호연구회, 2000, 168쪽.

휴양림 115ha 소나무는 소나무 유전자원 보전림에 포함되어 지정되어 있다. 울진 소광리의 금강소나무림이 소나무 유전자원 보전림으로 지정되어 있는 것과 마찬가지이다. 현재 안면도 소나무숲의 상당 부분은 30~40년생으로 1960~1970년대에 조성된 소나무숲으로 보인다.

안면도의 소나무숲은 과거의 생산 임업이 지향하던 선박재 생산이라는 목적으로 조성되고 관리되던 것에서 전환되어 이제는 한국 사회의 휴양적 필요를 채우고, 과학적, 학술적 중요성을 위한 보전림으로 기능하는 문화사회 임업이 시행되는 현장이 되어 있다. 안면도의 희귀자생식물종들을 소나무종과 같이 모으는 소나무 수목원내지는 식물원의 건립도 제안된 바 있다. 생명다양성 보호라는 현대적 가치를 구현하는 맥락을 가지고 있다. 물론 60년생 이상의 노령 소나무숲이나 30~40년생의 장령 소나무숲이 조선시대의 선박재가 아니라 현대의 전통 문화재 복원용, 한옥 건축용 혹은 다른 용도의 목재 이용을 목적으로 생산 임업적으로 조성되고 관리될 수 있을 것이다. 그런데 이것은 그러한 목재문화의 수요가 현대 한국 사회에서도 얼마나 창출되느냐에 달려 있을 것이다. 물론 문화적으로 높은 지향점을 가진 사람들이 한옥의 참맛을 알고, 목재 일용구를 사용하는 현대적 문화를 만들려고 한다.

삼림욕의 신체 및 심리 치료적 효과가 경험적으로 좋게 나타나고 있다. 이제는 과학적인 역학epidemiology 연구가 많이 이루어 져야 할 필요가 있다. 숲을 조성하는 목적이 인간의 건강이라는 사회적 욕구에 부응하도록 바뀐 사례로 독림가 임종국이 조성한 전남 장성의 편백숲이 암환자의 심신 치료 및 휴양으로 유명한 것을 들 수 있을 것이다. 숲의 가치가 심미적 감상의 차원과 정신적 건강에 영향을 끼치는 차원을 넘어서 인간 신체의 건강에 도움을 주는 요양療養 및 치유의 측면까지 확대된 것이다.

숲을 조성하는 이유, 숲을 보전해야 하는 이유에 이제는 인간의 건강이라는 직접적인 숲 생태계의 문화적 서비스가 도출되기까지 이른 것이다. 암수술을 받은 이후에 소나무를 찾아다니며 여행을 다닌 사람이 3~4년이라는 사망선고를 넘기면서 더욱 오래 산 사례는 주변에서 심심치 않게 찾을 수 있다. 안면도의 소나무숲은 금강소나무를 포함하는 한국의 다른 소나무숲 생태계가 도출하기 시작한 새로운 문화적 서비스cultural service를 대표하는 지도 모른다. 거대하게 장양한 소나무를 벌채하지 말아야 하고 더욱 지속적인 보전과 시업을 해야 하는 이유 중에 중요한 하나는 이렇게 다양화된 문화적 서비스가 한국 사회 구성원들에게 더욱 가깝게 다가와 있다는 사실을 들 수 있을 것이다.

최근에 들어서서 국제적 교역이 증가하고 열대 혹은 아열대 지역에서의 집약적 생산 입업의 발달은 임업선진국 및 목재자급 국가의 생산 단가와도 경쟁하게 될 정도가 되었다. 이러한 경향은 임업 선진국의 숲에서 목재와 펄프재로서의 경제성에 대한 가치가 이전 보다 못하게 만들고 있다. 이러한 사정은 목재수입국인 한국의 경우에 국내 생산목재의 양과 경제성을 더욱 위축되게 만들고 있다. 한반도에서 숲을 조성하는 목표가 경제성 창출을 위한 목적으로는 열대림이나 임업선진국의 국제적 경쟁력의 수준을 얻기가 그렇게 쉽지 않다는 것이다. 이것은 앞으로 아마도 온대림 숲을 관리하는 모든 나라의 사정이 될 지도 모른다.

반면에 20세기 말 부터는 숲의 환경적 가치와 기능이 더욱 강조되고 있다. 경제성 창출의 생산 임업은 목재를 경제적인 측면에서나 여러 면에서 지속가능하게 생산할 수 있는 지구상의 일부의 국가에만 해당하는 것으로 전환될 가능성을 안고 있다. 이러한 생산 임업의 전 지구적 국소화 추세에 병행되는 추세는 생태계 서비스ecosystem service의 측면에서 보아서는 새롭게 강조되고 있는 숲의 환경적 가치(조절적 서비스)와 그 문화적 가치, 곧 숲 생태계의 문화적 서비스라고 할 수 있다. 여기에는 목재생산 기술이라는 경제성 창출과는 종종 분리될 수 있는 숲 생태계의 생명다양성 보전이나 소나무와 포플라의 생물학과 같은 과학적 가치, 환경적 가치도 포함될 수 있다. 특히 두드러지는 것은 과거에 목재와 펄프원료의 생산에 맞추어져 있었던 조림과 숲 관리의 주목적이 기후변화나 사막화 방지와 같은 경제외적 요소로 변화되고 있는 추세이다. 따라서 숲의 현대 문화적 가치는 전통 문화의 현대화와 함께 환경 및 생명다양성 보전의 환경적 가치의 맥락에서 새롭게 인식되고 있다고 할 수 있다. 이것은 다시 동북아시아의 한반도에 존재했던 조용한 나라 조선과 같은 경우에 존재했던 왕도정치의 구현과 유교적 예제禮制 관련 이유에서 진행되었던 문화사회 임업이 서구의 근대적 생산 임업의 도입과 함께 역사적 단절을 겪었던 것에서 탈피하여 현대적 문화적 가치로 교체되는 것을 의미한다.

안면도의 소나무숲에 들리던 뱃노래는 이미 환경조절의 노래 및 건강노래로 바뀌어 있는 지도 모른다. 그 건강 노래는 정신적 건강과 신체적 건강을 다 같이 아우를지도 모르는 일이다. 인간과 숲의 상호작용은 여러 측면에서 이루어 졌는데 이렇게 숲과

인간이 생명체로서 직접 교류하는 것이 인체에도 좋은 것을 알게
된 것은 현대인들이 숲의 새로운 문화적 가치를 재발견한 것으로
보인다. 그것을 안면도의 소나무숲은 노래하고 있는 것 같다.

제4부

한국의 문화사회 임업

제11장

조선 능원림과 문화의 현대화

능원림 陵園林

　동북아시아에는 문화적인 이유로 아름다운 숲을 보전한 좋은 사례가 있다. 숲을 보전하였을 뿐만이 아니라 나무를 심고 화재를 방지하고 사람의 접근을 제한하였다. 서양에서는 왕의 사냥 수렵 동물을 보호하기 위해서 숲을 보전하고 조성한 문화사회 임업이 있던 것과는 대조적인 측면이다. 고대 사회에서부터 고려나 중세 사회에 이르기까지 사회적 지도자의 무덤은 국가적 차원에서 조성되고 유지되었다. 그런데 왕과 왕족의 무덤이 차지하는 사회적 위치와 상징성을 고양하기 위해서 숲을 조성하고 그 일대의 지역을 보전한 것이다. 왕릉은 제사를 드리는 신성한 공간이기도 했다. 태묘(종묘)나 사직단이 엄숙한 숲으로 둘러싸여있었던 것과 같이 왕과 왕족의 무덤은 능원림陵園林으로 둘러싸여 있었다.

불교가 들어오기 이전의 만주-한반도의 토속신앙에서 산과 숲이 차지하는 문화적 비중은 아주 컸다. 예를 들어 불교가 한반도 삼국 중에서 가장 늦은 5세기경에 들어온 신라의 경우에 시조 박혁거세가 난 마을에 신궁이 세워지고 후대의 종묘와 같은 역할을 했다. 신궁주위가 신성한 숲으로 둘러 싸여 있었던 것으로 보인다. 불교가 들어와서 사찰이 세워지기 전의 성스러운 공간은 평지 숲인 경우가 많았다. 학자들은 이러한 전불칠처가람前佛七處伽藍은 천경림天鏡林, 삼천기三川崎, 사천미沙川尾, 용궁남龍宮南, 용궁북龍宮北, 서청전婿請田, 신유림神遊林으로 하늘신(천경림), 강의 신(삼천기, 사천미), 바다의 신(용궁남, 용궁북), 경작지의 신(서청전) 및 수목신(신유림)을 숭배하던 제장祭場이었다고 본다.

그리고 통일신라 혹은 신라후대에 와서 당唐나라의 국가 제사 제도를 본받아서 신라의 국가 제사가 『사전祀典』을 갖추게 되는데 그 때에도 특징적인 측면이 가장 큰 제사大祀인 종묘와 사직에 버금가는 제사에 삼산三山 제사가 포함된다. 오악五嶽과 명산名山은 각각 중사中祀 및 소사小祀에 편재되었다. 이러한 고대 사회의 전통이 중세 사회인 고려와 조선에서 왕릉을 조성하면서 산의 줄기와 뻗어가는 것을 중요시 하고 그 주위의 숲을 성스러운 숲으로 조성한 밑거름이 되었던 것 같다.

2009년 6월 30일 스페인의 세비야에서 개최된 제33차 유네스코 세계유산위원회에서 함경남도 지역의 8기의 추증왕릉과 개성의 조선 왕릉(제릉과 후릉) 2기를 제외한 조선왕릉 40기가 세계문화유산으로 등재 되었다. "조선 왕릉이 유교적, 풍수적 전통을 근간으로 한 독특한 건축과 조경양식을 보여주고 제례의식을 통해서 지금도 역사적인 전통이 이어져 오고 있는 점과 조선왕릉 전체가 통합적으로 관리되고 있는 점에서 세계유산으로 등재되기에 손색이 없다고 평가했다. 또한 전주이씨 대동종약원 등과 같은 사회 지역 공동체의 참여에 의한 보존도 긍정적으로 평가된 것"이다.

조선 왕실의 문화는 조금 독특한 측면이 있다. 왕자나 공주가 태어나면 그 탯줄을 봉안하는 특별한 장치와 제도가 있었고 태봉산이라는 신성 지역 보전 제도도 있었다. 또한 왕이나 왕후가 죽으면 특별히 산릉도감이라는 특별위원회를 만들고 왕릉을 조성하였다. 조선 왕실은 왕과 왕후 급은 릉陵, 세자, 후궁 및 왕의 부모 급이면 원園, 그리고 그 이하의 왕실일원이면 묘墓라는 어미가 붙는다.

조선 왕릉으로 대표되는 동북아시아의 자연-문화 복합유산의 특징은 왕릉이라는 성스러운 지역을 조성하는 지역이 대부분 숲으로 이루어진 곳이고 그 숲 안에 유교적 신성 공간을 창출해 내었다는 사실에 있다. 또한 신성 공간의 숭엄함을 유지하기 위해 왕릉 주변의 상당한 토지를 능원림陵園林이라는 숲으로 보전하고 지속적으로 관리를 해 온 사실이다. 대부분의 사람들은 풍수적 길지 어느 지점에 배치된 왕릉의 봉분이나 주변의 석물石物에만 주의를 기울이고, 전주이씨 대동 종약원의 여러 산릉제 봉향회가 매년 정규적으로 시행하는 제례에만 주의를 기울인다. 하지만 풍수적 비보裨補나 당대의 유교적 문화논리에 맞추어 상당한 면적의 토지에 소나무를 필두로 하는 숲 생태계를 유지한 사례는 세계사에 유래가 없는 문화적 특징이라고 할 수 있다. 역사적, 문화적 가치와 함께 자연유산으로서의 가치를 풍부하게 가지고 있는 것이라 하겠다. 능원림은 현대 사회의 자연 친화 욕구에 부응할 수 있는 자연-문화복합유산이다. 다시 말하면 왕릉의 주변적 위치에만 있는 것이 아니고 현대 환경 문화와 관련성에서 중요한 위치를 차지하고 있다.

조선 초기 능원림 관리

세계 문화유산으로 등재된 조선 왕릉 40기는 동구릉東九陵에 있는 태조 이성계의 왕릉인 건원릉健元陵에서부터 고종과 순종의 황제릉인 홍릉과 유릉에 이른다. 서울의 동쪽에 있는 경기도 구리시에는 건원릉을 포함한 9기의 왕릉이 위치하고 있어서 동구릉東九陵이라 하고(그림 11-1), 서쪽의 녹번동과 일산의 경계 지역에 있는 5기의 왕릉은 서오릉西五陵이라 한다. 동구릉은 조선 초기 태조

조선 도성의 동쪽에 있는 9개의 왕릉을 가진 동구릉 지역에서 가장 먼저 조성된 것이 태조 이성계의 건원릉이다. 이후에 문종왕릉인 현릉(顯陵)을 비롯하여 9기의 왕릉이 위치하게 되었다. 현재 경기도 구리시에 위치한다.

의 능원 건원릉으로 조성되었다가 문종과 왕후의 능원(현릉)이 조성되었고, 임진왜란 이후에 선조와 왕후들(목릉), 인조의 계비(휘릉), 현종과 왕후(숭릉), 경종의 원비(혜릉), 영조와 계비(원릉), 순조의 아들 효명세자(추존 문조)와 세자빈(수릉), 헌종과 왕후(경릉)에 이르기까지 거의 500여 년간에 걸쳐서 능역이 9개 조성되었다(그림 11-2). 서오릉은 세조의 장남이면서 성종의 아버지와 어머니 세자빈의 왕릉敬陵으로 조성되기 시작하여, 예종과 왕후(창릉), 숙종

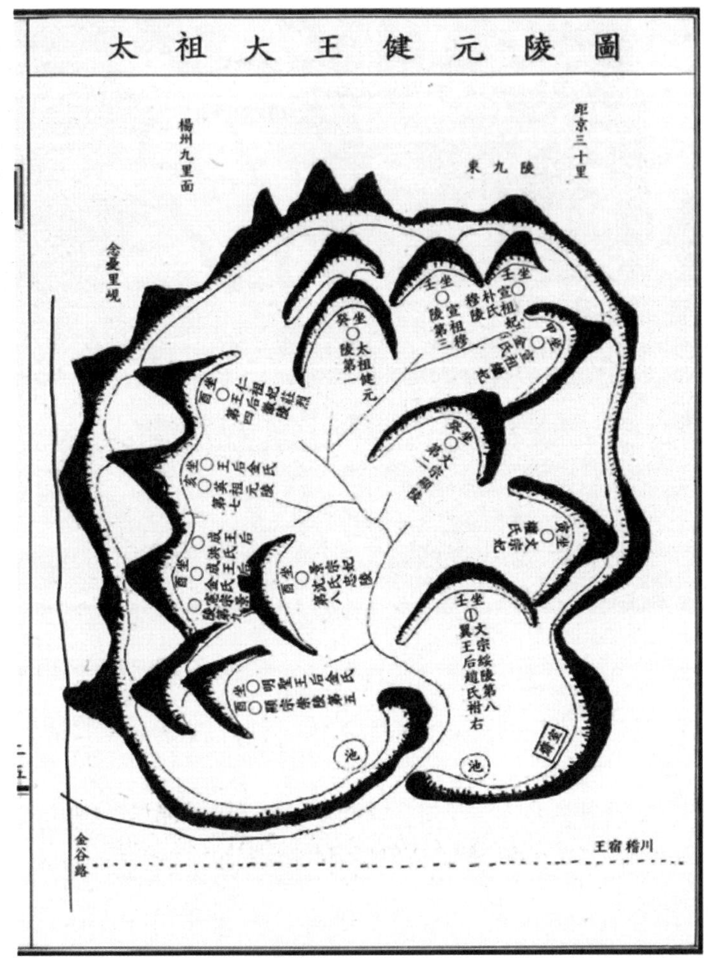

전주이씨 한 파종회에서 1930년대 출간한 족보속의 건원릉과 동구릉의 위치를 보여주는 전통지도.
자료출처: 『전주이씨 대동종약원 안원대군파종회 족보』, 1930.

 한국인과 숲의 문화적 어울림

의 원비(익릉), 숙종과 왕후들(명릉), 숙종의 비빈 장희빈의 묘, 영조의 원비의 왕릉弘陵이 조성되었다.

건원릉 주변에는 70호 정도의 수묘호守陵戶가 있어서 주변의 농지를 받아서 새로운 마을을 이루고, 수호군으로 일해서 군역軍役에서 제외되는 특혜를 받았다. 능원마을에는 능참봉과 능직이 임명되어 예조의 관할하에 능원림을 순찰하고, 벌채, 경작, 장묘를 금지하는 실무를 맡았으며 능제사가 있을 때에 능역을 청소하는 일을 담당하기도 하였다. 능역에 소나무나 다른 나무들에 병충해가 생기면 이를 구제하였고, 소나무 씨를 받아서 묘목을 조성하거나 다른 조림기술로 원래의 능원에 식재하거나 다른 능원이 조성될 때에 공급하기도 하였다. 각 왕릉 경역의 수릉호의 수는 보통 50호 정도인데 왕릉 경역에 따라 차이가 났다.

조선 왕릉은 영월 단종의 능원인 장릉莊陵을 제외한 대부분 서울의 주변 100리 이내에 위치한다. 남한에 위치하는 왕릉 40기는 유네스코 세계 문화유산으로 등재되었지만, 북한 개성 지역에 있는 2기와 함경남도 지역의 이성계의 선조 추증왕과 왕비의 팔릉八陵은 등재되지 않았다. 유네스코 등재 조선 왕릉 40기 중에는 추증왕의 왕릉이 포함되어 있는 것에 비추어 조선 초기에 이장, 조성되고, 수묘호 제도를 처음 시작하여 가장 오랫동안의 왕릉과 능원림 관리 사실을 보여주는 팔릉이 반드시 포함되어야 할 것이다.

개성 지역에 있는 조선 왕릉은 태조의 첫째 부인 추증왕후 한씨의 능인 제릉齊陵과 조선 2대왕인 정종과 그 왕후의 왕릉인 후릉厚陵은 고려의 도읍이었던 개성 남쪽에 위치해 있다.

태조 이성계가 등극하고 왕업을 시작하면서 새로운 조선왕의 조상들에 대한 추증작업이 이성계의 잠저와 고향에 본궁(함흥본궁 및 영흥본궁)을 지정하는 작업과 함께 이루어졌다. 이성계의 본거지였던 강원도 북부와 함흥, 영흥, 안변을 중심으로 하는 함경남도 일대에 위치한 4대 조부와 조모의 묘지들이 왕릉 급으로 격상되고 능원림 관리가 시작되었다. 이성계의 즉위기간 동안에 왕자 이방원에게 그 지역으로 실제로 내려가서 실태를 조사하고 묘소를 성역화 하도록 하였다. 태종 이방원은 아버지 이성계의 4대 조인 이안사(추증왕 목조)와 그의 부인의 묘소인 덕릉德陵과 안릉安陵를 포함하는 팔릉의 위치를 담은 지도를 제작하여 부왕에게 올리기도 했다(그림 11-3). 팔릉에는 덕릉德陵과 안릉安陵를 포함하여 이성계의 증조부 익조 이행리와 추증왕후의 왕릉은 지릉智陵과 숙릉淑陵, 할아버지 도조 이춘과 추증왕후의 왕릉은 의릉智陵과 순릉純陵, 아버지 환조 이자춘과 어머니의 왕릉은 정릉定陵과 화릉和陵이 있다. 태조 이성계 생전에 왕릉 급으로 조성된 것은 물론 이방원의 어머니인 한 씨의 묘소인 제릉齊陵이었다.

조선 초기의 능원림 관리는 이렇게 이성계의 선대 4대의 추증왕과 왕후의 8릉과 태조와 왕후의 왕릉인 건원릉과 제릉의 사례를 기준으로 이루어 진 것으로 보인다. 8릉과 건원릉 및 제릉에 소나무를 심게 하였고 벌레를 구제하였다는 기사가 조선 초기의 『조선왕조실록』에 기록되어 있다. 특히 목조 이안사의 덕릉과

그림 11-3. 목조 이안사의 덕릉(德陵)과 부인의 안릉(安 陵)의 전통지도

조선 태조 이성계의 4대조인 고려 귀족 이안사는 원래 전주에 있다가 삼척으로 이주했었고, 이후에 두만강 북쪽의 현재의 지린성 연변 조선족 자치주 지역으로 이주하여 몽골의 다루가치를 역임한다. 이후의 세대를 통하여 세력을 키운 이성계의 일족은 고려 왕조를 대산하여 조선을 개창한다. 이성계의 등극 후에 4대의 선조를 추증하고 일부는 이장하여 8개의 능원을 왕릉급으로 조성하고 보전한다. 덕릉과 안릉은 현재의 함경남도 신흥군에 소재한다.

유네스코 생명다양성 보전 지역으로 설정된 광릉 능원림의 항공사진.
자료출처 : 국립문화재연구소, 『역사의 숲 조선왕릉』, 눌와, 2007, 95쪽.

추증왕후의 안릉은 두만강 가까이의 경원 지역에 있었던 것을 세종대에 와서 현재의 함흥 북서쪽의 신흥군으로 옮기는데, 천장이 후에 그 지역에 소나무 능원림을 조성하였다(세종 20년(1438)). 또한 이후에 늘어나는 능원의 관리에 문제가 생기면 8릉과 건원릉, 제릉, 그리고 이후에 조성된 태종의 헌릉獻陵의 사례를 참조한다는 기록이 자주 나타난다. 건원릉과 제릉에는 초기에 예조 관할하의 능참봉과 왕릉 수호군 70호, 50호가 각각 지정되어 있었고 그들에게는 전답과 역의 일부 면제 같은 특혜가 주어 졌으며, 제릉의 경우는 개경 유후사가 제향 및 관리 책임을 가지고 있었다. 태종 이방원은 고려시대에 영향력이 컸던 불교의 관여를 좋아하지 않았지만, 건원릉과 제릉의 경우는 개경사開慶寺와 연경사衍慶寺라는 원찰을 지정하였다. 원찰의 경우는 후대에 천장된 여주의 세종의 영릉英陵에 신륵사가 세조의 광릉光陵에 대한 봉선사의 역할이 두드러진다(그림 11-4).

왕릉이 있는 능원림 지역은 금산禁山으로 지정되어 있었다. 왕릉의 능원림은 문화적 그린벨트에 해당한다. 태종의 어머니 한씨의 능원림은 제릉 금산 이었다. 또한 왕릉이 높은 산에 위치한 경우가 별로 없지만 산릉山陵으로 불렀다. 따라서 왕이나 왕후가 승하하면 산릉도감이라는 위원회가 설치되고 당상관의 관리가 위원장인 도제를 맡게 되어 있었다. 조선시대에 산山의 의미는 현재처럼 높은 봉우리를 주로 뜻하는 것이 아니라 숲이 덮인 구릉이나 야산까지도 포함하는 광범위한 의미를 가지고 있고, 금산이나 산릉의 경우처럼 숲과 바꾸어 쓸 수 있는 말이기도 했다. 수풀 림林자 앞에 붙여서 숲을 의미하는 산림山林이 형성된 것도 같은 맥락을 이룬다.

금산으로 지정된 지역은 사방에 표목標木이나 표석標石으로 금표禁標를 세웠다. 금표가 그어 주는 왕릉 신성 공간 주변의 숲에는 경작, 화전, 장묘, 건축 등이 금지된 현재의 그린벨트와 같은 자연 보호 지역이었다. 금표 바깥도 일부는 경작을 금지한 경우도 있는데 이후에 금표 바깥의 경작을 허락하는 왕령이 내려지기도 한다(1423년). 세종 29년(1447년) 무렵 어떤 시기에는 건원릉, 제릉, 헌릉과 같은 왕릉의 종산宗山 능원림 작은 길까지도 통행을 금지한 사례도 있었고 그 통행금지를 해제하는 조치를 내리기도 한다. 금표 내부 지역이 이렇게 법적으로 인간의 간섭과 활동이 금지되어 있었고, 단지 땔감의 채취만 일부 허용되는 수준이었을 것으로 추정된다. 이런 숲 보전 양식은 조선 후기까지도 수백 년 간 이루어 졌는데, 조선 후기의 범법에 대한 형률 중에 '도원릉수목률盜園陵樹木律'이라는 것이 있어서 능원림에 조성한 소나무숲에서 큰 소나무 열 주 이상을 베어 도적질 한 사람은 사형, 아홉 그루 이하는 유배, 한 그루를 벤 것이 적발된 사람은 곤장 60대 등의 굉장히 엄격한 형집행이다. 이 도원릉 수목률은 선박재를 생산하는 소나무숲 지역을 봉산으로 지정하고 금양禁養하는 국가의 법을 어긴 자를 처벌하는 기준으로 사용된다. 선재 봉산의 소나무를 불법적으로 벌채하는 사람들에게 주어지는 형벌은 능원림의 관리에서 적용하던 것과 같은 것이다.

조선 국왕의 사냥은 강무講武라는 중앙 및 지방 군사 훈련과 연계된 경우도 많았는데 능원림의 동물을 사냥한 사례도 상당수 있었던 것으로 보인다. 능원림을 포함하는 강무나 전렵 같은 사냥에서 우선적인 중요성을 가지는 것은 종묘와 사직에 국가의 안녕과 통합을 기원하는 것이었다. 태조 이성계에게 한 정도전의 표현을 빌자면 강무를 통하여 "신과 인간이 화합하게 하는 것"이었다. 유교적 예제에서 중요한 사냥동물은 조상신이나 토지신에게 바치는 제물로써 '천신薦新'이라고 불렀다.

능원림에서 간간히 왕실의 친제와 사냥이 함께 이루어 졌다. "옛적에 능산에서 몰이를 하더라도 먼저 사유를 고하여 (왕릉에) 제사한 뒤에 사냥하는 것이 준례였다且古者雖驅陵山 先告事由祭後打圍例也"라고 한 조선 11대 중종의 언급이 이를 뒷받침 해준다. 조선 초기 왕의 사냥은 횟수가 많은 곳이 현재의 서울 동대문구, 중랑구, 광진구의 '동교東郊', 곧 도성 밖 동쪽 교외 지역 이었다. 80% 이상이 도성주변의 동교와 양주, 광주, 포천의 경기도 지역 이었다. 마장동에서 전농동의 중랑천에 이르는 지역의 동교는 왕실 목장이 포함되어 있었다. 1513년 아차산에 사냥 나간 중종은 "아차산이 건원릉, 현릉(문종왕릉)과 산맥이 이어졌는데 새 현릉에 친제親祭하지 않고 사냥하는 것은 미안하다"라고 하였다. 물론 시의에 따라서 사냥을 하고 산릉에 친제를 드리는 경우가 더 많았던 것으로 보인다. 강무는 중앙군과 지방군이 평시에 농한

기를 이용하여 수렵을 통해 군사훈련을 하는 것이다. 군사훈련을 하면서 잡은 동물, 곧 천신물은 종묘와 사직, 지방의 사직에서 제사지내는 데 사용되었고, 이는 그러한 유교식의 제사를 통해서 국가의 안녕과 통합을 빌며, 특히 호랑이를 포함한 숲의 포획자 짐승들이 백성들에게 입히는 위해를 제거하는 민본주의적인 의례의 의미도 있었다.

숲 생태계의 문화적 서비스와 문화의 현대화

조선 왕릉은 능원림 속에 위치하고 있기 때문에 자연-문화 복합유산이다. 그리고 현대 사회에서 전통을 보전하는 것과 함께 능원림은 자연과 생명다양성을 보전하는 입장에서 문화재적 가치 이외에도 숲 생태계의 보전과도 직결되는 귀중한 유산이다. 국립수목원이 위치해 있는 곳도 세조의 왕릉인 광릉의 능원림이다. 광릉의 숲이 유네스코 세계 생명다양성 보전지역으로 지정된 것은 환경적, 생물학적 가치를 말해준다(그림 11-4).

조선의 문화사회 임업은 왕도와 왕실의 숭엄을 유지하고 국가의 안녕과 통합을 염원하는 유교 및 풍수적 의미를 담고 있었다. 도성인 한양의 사산四山에도 조선시대 수 백 년 동안 소나무와 함께 다른 수종의 나무들이 식재되었고 병충해가 구제되었으며 금표가 설치되어 보전의 법적 공간으로 유지되었다. 물론 그 법적 실효성이 범법에 의해서 훼손되고 소나무의 남벌이 시행되어 일제강점기 초기의 도성 사산의 숲은 그렇게 좋은 상태도 아니었고 한국전쟁이나 사회적 혼란기를 거치면서 숲 생태계의 육성과 보전이 그렇게 잘 이루어 진 것은 아니다. 하지만 도성 사산의 보전은 목재 이용이 주목적이 아니라 문화사회적 목적인 국가의 안녕과 도성의 숭엄을 유지하는 것을 제 일차적 목적으로 보전되기 시작하였고, 대규모의 식목이 이루어진 문화사회 임업의 현장이기도 하다.

능원림에서도 조선의 문화사회 임업이 시행되고 있었다. 예를 들어 병자호란을 겪은 인조의 아들 효종이 원래 손수 심었다고手植 하던 나무를 이장된 '파주 금산長陵'에 옮겨 심는 것은 조선의 조림기술의 존재를 말해 준다. 또한 선박재와 건축재를 위한 금산과 봉산의 생산 임업에 적용되는 법률에 있어서도 능원림과 같은 문화사회 임업에 적용된 제도가 선례로 되어 있었다. 조선과 같이 유교적 예제를 중요시 한 문화적 논리를 가진 사회에서 당연한 일이었다. 도성 사산과 왕릉의 금산 및 능원림의 관리는 소나무Pinus densiflora가 조선의 왕목-사직수였던 것과 논리적 정합성을 보인다. 가장 대표적으로 능원림이 소나무로 이루어져 잇는 곳은 팔릉에는 속하지 않지만 목조 이안사의 아버지 이양무의 능원인 준경묘濬慶墓와 어머니 고려 상장군 강제의 딸의 능원인 영경묘永慶墓를 들 수 있다. 이성계의 5대조 할아버지와 할머니의 능원이다. 소나무는 조선시대 선박재나 건축재로 사용하는 생산 임업production forestry 뿐만이 아니라 문화사회 임업에서도 중요한 의미를 가진다.

현대 대한민국의 도시생활에서 환경 친화적 휴양을 누리고 싶은 필요는 굉장히 높아져 있다. 서울과 경기도의 경우에는 이러한 필요를 채울 만한 전통적 자연-문화 복합 인프라가 갖추어져 있는 셈인데 능원림과 도성 사산의 경우가 그것이다. 현재의 능원림은 숲 생태계의 문화적 서비스를 창출할 수 있는 자연자본이 존재하는 것이다. 신성한 공간이었던 것을 감안하여 나타나는 조용하면서도 녹색을 표방하는 현대적 적실성을 가진 숲 생태계 문화의 창출과 향유가 기대된다. 그것은 환경과 녹색가치를 표방하는 새로운 방향의 문화의 현대화가 될 것이다.

제12장

130여 년의 재정비

17~18세기 조선의 문화사회 임업과 생산 임업

전 지구적 시각

  현대의 서구적 산림관리는 자원의 생산에 맞추어져 있었다. 서구, 특히 대륙의 독일과 프랑스를 축으로 발달한 과학적인 산림학은 주로 국가의 목재timber 수요에 맞게 장기적인 안목에서 수확을 관리하는 것을 목적으로 하고 있었다. 16세기 이후로 대양을 개척하고 목재로 만든 배를 만들어 먼 거리를 다니게 되면서 교역을 하는 선박의 제조에 엄청난 양의 목재가 사용되었다. 화석연료로 바뀌기 전 유럽의 인구 증가 추세에 맞게 사용된 목재의 양도 만만치 않은 수량이었다. 선박건조뿐만이 아니라 럼주의 생산, 요업, 벽돌, 양회, 피혁업 등에는 많은 양의 목재가 사용되었다. 그리하여 '목재기근timber famine'이라는 말이 생길 정도였다. 현대 산림학은 이러한 수요에 맞추지 못해 헐벗은 독일의 산림을 새로 조림하면서 어떻게 장기적인 숲 생태계관리를 하겠느냐는 화두에 대한 응답이다. 당대의 수학자나 경제학자 및 경영학자들이 다학제적인 접근을 한 결과로 나타난 학문이다. 산림학을 실제로 현장에 적용하는 사람들은 물론 산림관들이었다. 현재 독일의 숲이 그 축적량에서 세계 최고에 해당하는 인공림으로 형성되어 있는 것도 독일 산림관들을 중심으로 한 대단위 식재와 과학적인 산림관리 덕분이다.

그런데 이러한 자원으로서의 목재생산이외로 숲이 보전된 사례는 유럽에서 많지 않다. 유럽 왕실의 수렵지로서의 숲이 좋은 사례이다. 유럽의 제왕들이 몰이사냥을 하기 위해서 수렵대상 동물을 보전한 숲은 일반인들이 들어가지 못하게 하였다. 라틴어계 어원의 숲의 의미를 가지는 단어 포레스트forest는 8세기 법령집에서 처음 등장하면서 생겨나고 정착되었다. 왕실의 사냥보호구의 '금지된 공간'이라는 의미가 크다. 하지만 숲이라는 공간은 일반인들의 접근이 가능했다는 사실과 사냥한 동물이 먹을거리라는 점에서 일반인들의 생존과도 연결되어 있어서 왕실의 가치와 평민의 가치가 충돌하기도 했다. 가장 좋은 예가 영국의 로빈 후드Robin Hood의 전설일 것이다.

숲의 보전이나 조성의 이유가 장기적 목재생산수급의 균형을 맞추기 위한 것이면 그 숲은 평지숲이던 산지숲이던 분명한 '생산 임업production forestry'의 대상이다. 여기서 임업forestry은 현대 산림학, 또는 현대적이고 과학적인 산림학의 존재와는 상관없이 숲을 경영하는 인간의 실천적 행위와 제도 전부를 말한다고 할 수 있다. 대조적으로 목재생산이나 연료림의 생산이 아닌 다른 목적, 곧 왕실사냥이라는 문화적 목적에 맞게 되어 있으면 그것은 '문화사회 임업culturo-social forestry'이다. 서양사의 시각으로 보아도 포레스트라는 말 자체가 사냥동물의 보전에 관계된 문화사회 임업의 시행에서부터 연원하였다는 것은 명백하다. 이후에 포레스트에서 화석연료 및 철강재 이전의 사회에서 필요한 가장 중요한 자원인 목재의 수급량을 합리적으로 혹은 과학적으로 조절하는 것을 포함하는 근대화과정modernization을 통해서 현대적 산림학이 생겨난 것이다.

조선의 문화사회 임업

유럽과 마찬가지로 동북아시아에도 두 종류의 임업이 오랜 옛날부터 시행되고 있었다. 문화사회 임업이 훨씬 중요하고 선행되는 것이었다고 할 수 있다. 물론 건축재, 선박재, 연료재를 목재로 사용한 것이 서구보다도 더욱 오래 지속되었지만 화석연료로 전환한 지가 얼마 되지 않는 동북아시아 사회에서도 생산 임업이 실행된 것은 당연한 일이다.

조선 전기의 생산 임업은 각 지역의 외방금산外方禁山으로 이루어져 있었는데, 그것은 해안을 따라 소나무Pinus densiflora를 장양長養—나무를 높이 길게 기른다는 뜻—하여 수군(해군)의 선박재를 생산, 보전, 관리를 위한 것이 주요 목적이었다. 외방금산이라는 금지된 지역을 설정하고 경계를 표시하는 금표禁標가 세워지는 평지와 산지의 산림이 바로 금산이었다. 금표는 목재의 표목標木이나 석재나 바위의 표석標石으로 세워졌다. 유럽의 라틴계 어원의 포레스트가 금지된 공간이었던 것과 같이 금산은 금지된 공간이었다. 금표는 여러 가지가 있었던 것으로 보이는데, 조선 전기에 이미 도성인 한양의 사산四山, 곧 락산, 인왕산, 남산, 백악산에 금표가 설치되어 있었고, 조선 전기의 금표지도도 존재했던 것으로 보인다. 또한 지방의 여러 금산의 금표가 설치된 곳을 표기한 지도도 있었던 것으로 보인다(그림 12-1).

유럽왕실의 수렵지와 마찬가지로 조선의 군사 연습지인 강무장에도 금표가 설치되어 있었던 것 같다. 태종대에 강무장이 설치된 태안의 예로 보아서 금표 내에는 백성들이 들어가 경작을 하지도 못하고, 장묘도 쓸 수 없었으며, 불을 내면 큰 처벌을 받게 되어 있었다. 금표 내의 공간은 법적 제제가 시행되는 살 떨리는 공간이었다. 법률이라는 것이 처벌규정을 중심으로 되어 있는 동북아시아의 법제문화에서는 더욱 그러한 것이었다. 숲에 해당하는 우리말에 '갓', 혹은 '가시'라는 말이 있다. 들어갈 수 없는 금

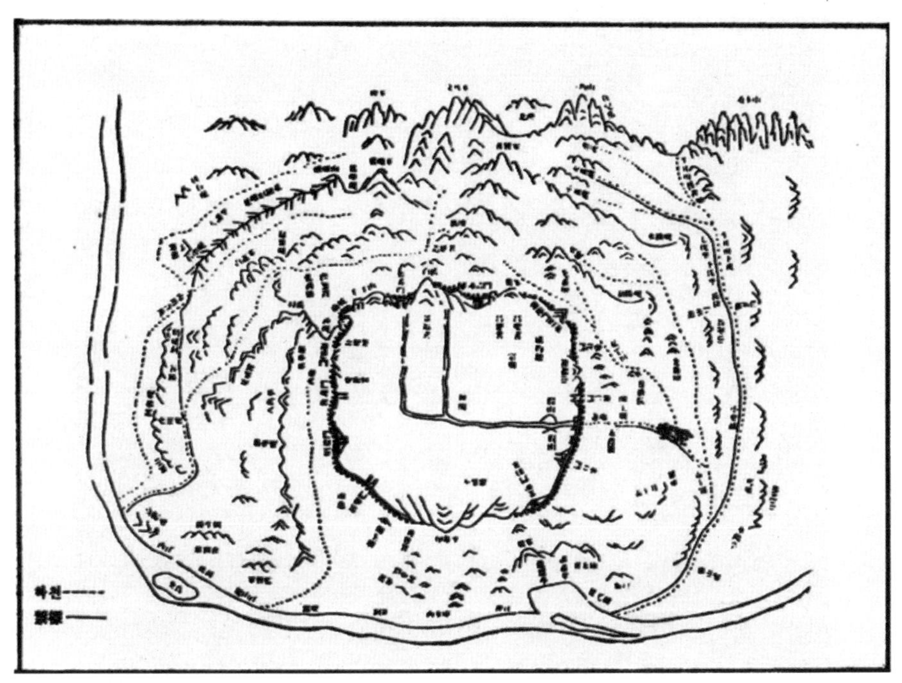

조선의 왕도인 서울은 도성의 숭엄을 유지하려는 목적으로 도성을 둘러싼 사방의 네 개의 산, 곧 동쪽의 낙산, 서쪽의 인왕산, 남쪽의
남산 및 북쪽의 북악산에 벌채·경작·장묘를 금지하는 그린벨트 제도를 확립하고 있었다. 따라서 자연스럽게 도성의 사산의 숲은
보전되었고, 사산에 대규모로 식목하는 경우도 많았다. 또한 이러한 금지 제도를 알리는 목재와 석재의 금표를 설치했다.
조선 후기 영조대에 와서 도성의 사산을 관리하는 관제를 개편하였고, 그것은 조선 말기까지 계속되었다.
사산금표도는 조선 후기의 것으로 경계를 표시하고 있다.

지된 공간이라는 의미의 말림이 붙어서 '말림갓'이 바로 금산이
라고 한자어로 표기한 조선시대의 금지된 공간을 백성들이 일컫
던 말이다.

동북아시아에는 목재생산의 이유보다 선행하는 문화사회적
이유로 숲을 조성하거나 보전한 사례가 왕실의 수렵지뿐만이 아

그림 12-2. 동구릉의 소나무 산책길

조선 태조 이성계의 왕릉인 건원릉을 포함한 조선왕릉 9기가 존재하는 도성 동쪽 아홉 왕릉이라는 의미의
동구릉(東九陵) 능원림의 소나무 산책길. 현재 경기도 구리시에 위치한다.
건원릉을 조성한 조선 초기 태종에서부터 세종을 거쳐 조선 왕조 내내 건원릉과 주위 사방은 금표가 설치되고
능참봉과 능직 및 수호군들이 관리를 하던 문화사회적 금산(禁山)이었다.

한국인과 숲의 문화적 어울림

니라 몇 가지 더 있다.

첫째로 도성사산 금산의 관리로 조선 전기와 후기 모두에 해당된다(그림 12-1). 문화적 논리였던 풍수학적 논리에서 도성의 숭엄을 유지하기 위해서 도성사산에 소나무를 중심으로 여러 나무를 식재하고 금표를 세우고 병조나 한성부의 직속관리와 지역 산직을 임명하여 관리했다.

둘째로 능원림이라는 유교적 특수 목적의 숲이 관리되었다. 왕실의 장묘인 왕릉을 조성하고 그 일대를 보전하여 능원림을 조성하고 능참봉, 능직, 수호군들을 두어 관리했다. 조선 왕실 문화에는 왕과 왕후 급은 릉陵, 후궁 및 왕의 부모 급이면 원園, 그리고 그 이하의 왕실일원이면 묘墓의 등급을 형성하고 있었다. 예를 들어 경기도 구리시 동구릉東九陵에 있는 조선 태조 이성계의 왕릉은 건원릉으로 어미에 '릉'을 가지고 있다(그림 12-2). 서울 청량리 세종대왕 기념관 가기전의 영휘원은 고종의 후궁인 순헌귀비 엄씨의 무덤으로 어미에 '원'을 붙이는 사례이다.

세 번째로 왕실문화와 관련된 황장금산黃腸禁山이 있다. 왕릉을 조성하기 위해서 관곽재를 생산해 내야 할 필요가 있었는데, 소나무 중에서도 선박재나 건축재와는 다른 문화적 브랜드가 있는 것을 사용했다. 황장목黃腸木은 벌채한 단면, 줄기의 중간 부위가 누런색을 띄는 소나무였다. 이런 황장목, 황장소나무들이 자라는 최고급의 소나무숲은 황장금산으로 지정되어 있었다. 암석에 새긴 황장금표들이 강원도나 경상북도에서 발견되는 것은 이러

한 문화사회 임업의 실행을 보여주는 귀중한 사례이다. 조선 후
기에는 황장봉산으로 이름이 바뀌었다.

숙종에서 정조까지의 130여 년의 과정

근세조선은 16세기에 임진왜란과 병자호란이라는 양대 전란
을 겪으면서 조선 전기 사회가 이루어 놓았던 문명의 정수를 많
이 잃었다. 조선시대 초기에 만들어졌던 여러 제도들이 많이 와
해되는 양상을 보인다. 예를 들어 왕릉을 조성하는 산릉도감에
관련해서 만든 의궤 같은 것이 조선 초기에 있었지만 거의 소실
되어 철저하게 기록을 남기는 성리학의 나라 조선의 입장에서는
상당한 손실이었다.

목재가 선박재, 건축재, 연료재의 다양하고 중추적인 경제, 문화
적 기반을 형성하고 있었던 전근대 사회에서 전란이 끝나고 나서
숲 관리의 제도적 정비가 이루어지지 않았을 리는 만무한 것이다.
숙종(재위 1674~1720), 경종(재위 1720~1724), 영조(재위 1724~1776), 정조(재
위 1776~1800)의 네 임금이 거쳐 간 17~18세기 130여 년 동안 이러한
국가 제도의 재정비가 이루어 졌다.

숙종 대에는 전란을 거치면서 목재수급과 관리의 기록이나 제
도 자체가 느슨해지고 와해된 것을 바로 잡는 생산 임업 쪽의 국가

적 정책 및 제도 정비가 많이 이루어졌다. 조선 해군의 서해 지역 본부들인 황해수영이 관할하던 황해도 해안지역, 충청수영이 관할하던 안면도를 포함하는 해안과 섬, 전라수영이 관할하던 변산반도를 포함하는 해안과 섬에 대해서 '황해도연해송금절목'(숙종 3년(1677)), '격포첨사사목'(숙종 10년(1684)), '변산송금사목'(숙종 17년(1691)), '양서양호순무사재거응행절목'(숙종 36년(1710)) 등의 정책적 왕명을 발령하였다. 병조예하의 도별 수영의 책임하에 금송도감관禁松道監官, 면감관, 감색, 산직 등의 관리들의 기강해이를 막고, 소나무숲의 실태 조사 및 감사摘奸, 벌채, 경작, 장묘, 화재 금지위반의 처벌 강화를 지시했다. 영조대에는 안면도 금표 내에 몰래 들어가 생활을 하는 사람들도 금표바깥으로 이주시키는 조처를 하달한 적도 있다. 조선 전기의 금산禁山 체계가 조선 후기의 봉산封山이라는 이름과 제도로 재편성되기 시작한 것도 숙종 대를 기점으로 한다. 백성들에게는 금지된 공간封禁이기는 마찬가지였다.

영조대에는 숙종 대에 생산 임업의 재정비를 기반으로 하면서도 문화사회 임업제도의 재정비도 강화하였다. 도성 사산을 관리하던 감관을 사산참군四山參軍으로 개칭하고, 사산에 소나무를 포함한 나무를 심고, 금표 내 벌채, 경작, 장묘 금지의 적발과 처벌을 강화하였다. 이렇게 정비한 사산금산의 조선 후기 금표지도가 현재 존재한다(그림 12-1 참조).

또한 영조는 병자호란을 겪은 인조(재위 1623~1649)와 인렬왕후의 왕릉인 파주의 장릉長陵에서 화재가 나고 뱀과 전갈이 석물에 집을 짓는 불상사가 일어나자 100여 년 전에 조성된 장릉을 현재의 자리로 천장한다. 영조는 손수 인조의 둘째 아들 효종이 손수 심은 나무를 효종의 능인 여주의 영릉寧陵에서 옮겨다 심는다. 그리고는 장릉과 그 능원림을 관리하라는 왕명인 '파주금산수호절목'을 제정하여 수목관리樹木禁養之政에 심혈을 기울이는 정도가 다른 금산禁山의 배나 되도록 하라는 명령을 지방관에게 내린다. 또한 봄과 가을에 소나무松와 전나무檜를 심도록 지정하고 있다. 인조왕릉의 능원림이 있는 장릉 지역에 '파주금산'이라는 이름이 붙여진 것이다.

정조는 아버지 사도세자에 대한 효성이 지극했다. 그런데 이 효성이 여러 다양한 유교적 예제의 형식과 문화사회 임업으로도 나타난다. 단계적으로 나타나는 데 정조는 서울 동대문구 배봉산 지역에 있었던 사도세자의 무덤인 영우원에서 와서 친제를 자주 지냈다. 서울대 의과대학 및 병원이 있는 자리에 사당인 경모궁을 지었다. 그리고는 경모궁에 수목과 꽃을 식재하고 관리하는 제도를 만들도록 당대의 명문가 출신 재상 서명선(1728~1791)에게 지시한다. 서명선은 실학시대의 농서와 백과전서인『본사本史』를 지은 보만재 서명응(1716~1787)의 동생이다. 서명응은 그 아들이『해동농서海東農書』를 지은 서호수(1736~1799)이고, 그 손자가 조선 후기 최상급의 백과사전『임원경제지林園經濟志』를 지은 서유구(1764~1845)이다.『본사』,『해동농서』,『임원경제지』모두에서 당대에 중요한 나무들의 식재와 관리에 대한 기술들이 묘사되어

조경단의 관리나 조경단 제사는 현재에도 이루어지고 있다. 다만 조경단의 주변 건지산(乾之山) 숲은 조선의 왕릉 급의 임목축적량이나 숭엄을 유지하지 못하고 있으며 문화사회 임업의 모습은 찾기가 어렵다. 경관조성의 측면에서 보아도 전통적 경관을 유지하지 못하는 편이다. 전면에 중국 원산인 메타세콰이어가 심어있고 뒷산은 다양한 수종의 숲으로 되어 있는 공원으로 조성되어 있다.

있다. 정조의 왕명은 서명선이라는 정책실행자와 함께 그 형인 서명응의 학문이 배경을 이룬 것 같다. 서명선을 중심으로 경모궁내 숲의 실태조사 및 관리는 『식목실총植木實總』이라는 나무 심은 내력을 적은 책으로 출간된다.

조선시대의 나무 심는 행위와 제도를 구분하는 범주로는 재식栽植이라는 말이 많이 쓰인다. 『경국대전』의 공조에도 재식조가 있고, 조선 후기 봉산의 위치를 알려주는 관리들의 지침서인 만기요람에도 재식이라 되어 있다. 대조적으로 정조대의 『식목실총』이라는 문헌이 '식목植木'이라는 말을 쓴 역사적 유의성이 있는 문헌이 아닌가 생각된다. 식목일이라는 말이 형성되기 적어도 250여 년 전에 나온 것이다. 영우원은 사도세자를 장헌세자로 추증하면서 현륭원으로 개칭되고 수원 화성 주변으로 천장된다. 수원의 화성의 건설은 여러 가지 목적이 있었던 것으로 보이는데, 당대의 문화적 논리에 현륭원의 조성과 맥락을 같이하는 유교적 효성의 표현이었다. 현륭원은 이후에 승격되어 융릉이 되었다.

영조대에 와서 조선의 본관인 전주이씨의 시조 이한李翰 공의 묘소였던 전주의 조경묘肇慶墓의 봉분이 거의 없어진지 오래고 양대 전란을 거치면서 별로 관리가 되지 않았던 것을 단을 쌓고 조경단肇慶壇으로 개칭한다.

조경단이 위치하는 나지막한 산은 전북대병원 뒤의 건지산乾之山이다(그림 12-3). 현재의 모습과는 달리 건지산은 왕릉 급의 금표가 설치되고 전라감영 소속의 관리들이 관리를 하던 조선 후기 국가차원의 문화사회 임업이 실행되던 공간이었다(그림 12-3). 1782년에 정조는 예조의 검토를 거쳐 전주부에 '건지산금양절목'을 발령한다. 건지산의 사방에 금표를 세우고 나무를 장양長養하며 벌채, 경작, 장묘를 금지하게 한다. 건지산 사방 금표 지역의 수호는 감영의 장교가 주무로 하고 산직들이 실행하며 장부를 만들어 상부에 보고하도록 하는 체계를 세운다. 소나무와 개오동나무楸를 파종하고 심을 것도 명령내리고 있다. 금표내의 민가는 철

그림 12-4. 전주 경기전 경내 북동 모퉁이에 있는 전주 이 씨 시조 이한의 사당 조경묘

태조 이성계의 어진은 전주와 경주와 평양에 모셔졌으며, 전주에는 경기전에 모셔있다. 이한공의 사당 조경묘(肇慶廟) 경내에는 멋있는 소나무가 있어서 나름대로의 정취를 자아낸다.

거하거나 이사시킨다. 물론 건지산 수호군에 임명된 백성은 전답을 주어 다른 능원수호 민호들이 받는 것과 같은 경제적 보상을 받게 하였다. 이후에 태조의 어진을 모신 전주부의 경기전 동북편에 사당인 조경묘肇慶廟를 조성한다(그림 12-4).

물론 조선은 경제적 중요성을 가지는 목재를 위주로 하는 생산 임업을 실행하고 있었다. 조선의 생산 임업은 주로 수군의 군선과 세곡을 운반하는 선박을 건조하는 목재를 생산하기 위해서 한반도의 중서부 및 남부의 연해 지역에서 소나무를 장양長養하는

체계를 갖추고 있었다. 조선 초기에는 의송지宜松地라는 이름으로 후기에는 봉산封山이라는 이름으로 국가가 지정하고 관리하였다. 조선의 판옥선과 거북선은 이러한 연해지역의 소나무숲, 곰솔숲에서 벌채된 소나무로 만든 선박들이었다. 또한 큰 강을 따라서 목재를 운반하여 중류나 하류의 큰 도시의 가옥과 건물을 건축하는 목재를 조달하였다. 조선시대에 숲 생태계를 이용하는 것은 목재를 위한 벌채만이 아니었고, 궁궐에서부터 기층민의 초가집

에 이르기까지 난방과 취사에 필요한 땔감을 채취하는 것이 중요했다. 조선은 소나무를 중심으로 임업정책이 수행되었기 때문에 송정松政, 소나무의 벌채를 금지하는 것이 가장 중요한 시책이었기 때문에 송금松禁이라고 했다. 소나무 이외의 나무는 대부분 모두 잡목이라고 하여 소나무와 잡목의 이분법이 존재했다. 그리고 이 잡목은 땔감으로 채취해도 무방하였다. 연료재로 소나무를 사용한 사례는 거의 없다. 하나의 예외라고 한다면 백자를 굽는 가마에는 기술적인 필요에 의해서 소나무 장작을 연료로 사용하였다(그림 12-5).

조선의 문화사회 임업은 서구의 근대 생산 임업과는 문화적 차이를 보여주는 귀중한 사례에 해당된다. 조선은 왕실의 종교-정치적, 사회적 상징성을 유지하는 목적에서 도성 사산四山을 관리하였고, 고급브랜드의 소나무 관곽재를 기르는 황장소나무숲도 보전하고 관리하였다. 2009년 조선 왕릉 40기가 유네스코 지정 문화유산으로 등재된 것은 아주 중요한 발전이라고 하겠다. 조선 왕릉의 능원림의 관리는 자연-문화복합유산이라 해야 할 것이다. 조선의 문화사회 임업은 조선의 종교-정치적 상징성을 가지는 왕목-사직수를 소나무로 여기고 있었다는 것과 문화적 논리를 이룬다. 정조대에 진경산수화가 정선이 사직단의 사직노송을 그리고 있다. 상징과 문화사회 임업이 조화를 이룬 것이다. 문화사회 임업과 생산임업은 밀접한 연관성을 가지고 균형을 유지하고 있었다.

제13장

황장소나무와 금강소나무의 문화적 관계

소나무의 문화생태적 맥락

한반도의 중부 및 남부의 고대 사회로부터 조선시대까지의 목조건축물의 나무의 수종을 분석해 본 흥미로운 데이터가 2010년 8월 23~27일 서울 코엑스에서 열린 제23차 IUFRO 세계총회(세계산림과학대회)의 에서 발표된 적이 있다(그림 13-1). 8월 25일 '목재 및 산림문화 세션(Session H-10 : Wood and Forest Culture)'에서 발표된 것은 고려시대와 조선시대의 목조건물에 가장 흔히 쓰인 목재는 단연코 소나무Pinus densiflora가 으뜸이었다는 것을 입증하는 데이터였다. 소나무 다음으로 참나무, 느티나무, 그리고 전나무가 쓰였다고 한다. 또한 삼국시대와 고고학적으로 발굴된 기원 이전의 고

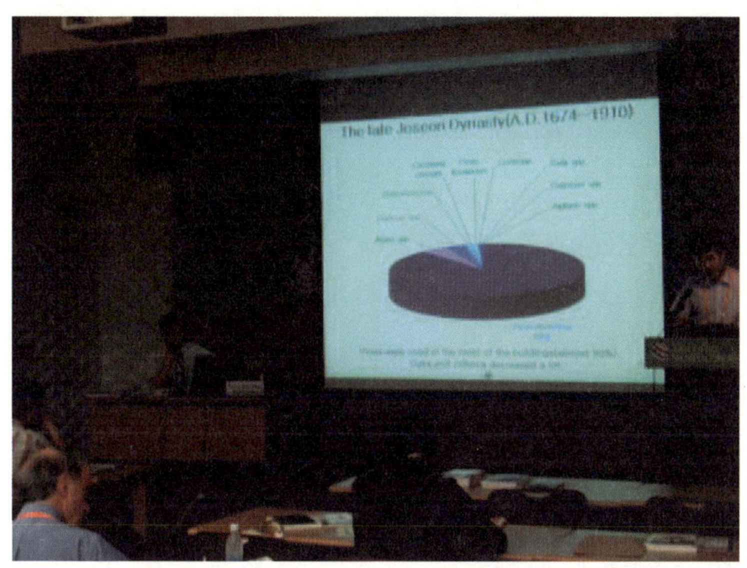

그림 13-1. 제23차 IUFRO 세계 총회(세계산림과학대회)에서의 목재와 산림문화 세션의 발표 장면

IUFRO(International Union of Forest Research Organizations)의 연구단위 6의 작업모둠(working party)중의
하나인 '산림문화 및 문화임업 소분과(6.07.03)'의 소분과장인 전영우 국민대교수가 8월 25일 좌장을 보고 있다.
목재와 산림문화 세션(H10 : Wood and Forest Culture : Yesterday's Lessons and Today's Impacts)은
소분과 6.07.03과 '목재문화 소분과 5.10.01(소분과장 : Dr. Howard Rosen, US Forest Service)'의
공동조직으로 형성되었고 2010년 8월 24일과 25일 두 차례의 시간 배분을 받아 진행되었다.

대 사회의 건축물의 목편을 분석한 결과는 참나무류가 주종을 이루고 있었고 밤나무, 굴피나무, 가래나무, 느티나무의 활엽수가 대체로 많이 쓰였다고 한다.

데이터의 지리적 제한성은 있지만 이 결과는 화분분석과 같은 환경고고학적 데이터와 함께 첫째로 한반도에서 삶을 영위했던 인간과 숲 생태계의 상호작용을 건축목재라는 측면에서 이야기해주고 있었고, 둘째로 고대 사회에서 고려 이전의 사회에 이르

기까지는 참나무를 위시한 활엽수가 한반도를 덮고 있었고 그것을 사람들이 많이 이용한 것으로 보는 산림사forest history의 사실을 지지해 주고 있다.

이러한 데이터는 낙엽활엽수 극상림으로 뒤덮인 한반도에 이주 정착한 신석기인으로부터 청동기 및 철기시대의 고려 이전 사회의 사람들이 낙엽활엽수를 벌채하면서 문명을 일구어 나간 사실을 지지하는 데이터이다. 만주와 한반도로의 철기의 유입 시기가 중원의 전국시대인 기원전 5세기경 이며 주로 전국 시대의 연燕나라로부터 전파되었을 것으로 추정한다. 만주와 한반도의 농경문화가 이때부터 더욱 심화되고 광범위하게 전개되기 시작하는 것으로 본다. 기원후 10세기에 고려 왕조가 시작되니까 기원전 5세기 무렵의 철기 유입 이후 약 1,500년 동안의 인간의 거주지 주변의 활엽수림이 건축물이나 선박재 및 난방 및 취사 연료로 채취된 사실을 지지해 주는 것이다.

소나무가 만주와 한반도 거주인의 삶과 문화에 크게 기여하기 시작한 것은 언제부터 일까? 기원전 5세기에서 기원후 10세기에 이르는 소나무숲의 상대적 면적이 얼마나 되었을 지에 대한 추정은 쉽지 않다. 그런데 고려시대부터 소나무가 건축 목재로 활용되는 비율이 증가되는 것으로 보아서 고려 초기 이전의 통일 신라 및 발해 혹은 그 이전 수 백 년 혹은 1,000년 전부터 소나무숲의 비율이 증가 되었을 것으로 보인다. 철기의 유입과 농경의 발달로 인해서 인구밀집지역에서 활엽수가 벌채되어 척박해진 토양에 소나무 종자들이 날아 들어와서 소나무숲을 이루기 시작했을 것이다. 충북대 연구팀의 데이터 발표에 따르면 조선시대 문화재 건축물의 약 80%가 소나무로 되어 있는데, 고려시대는 그 비율이 약간 낮다(약 60%). 고려시대에는 소나무 다음으로 느티나무의 비율(약 30%)이 활엽수 중에서 상당히 높은 것으로 나타난다.

아마도 큰 기둥감으로 느티나무를 이용하는 문화는 한반도 남동부에 왕경王京을 가지고 있던 신라의 전통을 이어 받은 것으로 보인다. 『삼국사기』 「잡지」 제2권 가옥편에 보면 신라사회에서 신분이 진골과 6두품인 경우는 집을 지을 때 산유목山楡木을 쓸 수 있지만, 5두품, 4두품 및 일반 백성은 산유목으로 표기된 활엽수를 쓰지 못하게 금하고 있었다는 기사가 있다. 이것이 보통으로 번역된 느릅나무Ulmus spp.였으면 중원에서와 마찬가지로 그대로 유목楡木으로 표기되었을 것이다. 느릅나무는 한나라의 고조 유방이 그의 고향에서 사社나무로 여긴 중요한 나무였다. 산유목山楡木으로 쓴 것은 고려시대의 목재의 용도로 보나 이후에 한국의 마을나무에 느티나무Zelkova serrata가 많은 사실에 비추어 느티나무인 것으로 보인다. 느티나무와 팽나무Celtis spp.와 느릅나무는 같은 느릅나무과Ulmaceae에 속하고 충북대 연구팀의 데이터에서도 느티나무는 고대 사회에서 건축재로 사용된 것으로 데이터로 나타난다.

고려 태조 왕건과 조선 태조 이성계의 왕목이 바로 소나무라는 사실과 목재의 이용성이 높은 상관관계를 보이는 것은 그 문화생태적 관계에 대한 흥미로운 실마리를 던져준다. 우리가 물을 수 있는 문화생태적 질문은 이렇다. 실제로 소나무숲이 많아지고 그 목재를 다루는 기술이 발달해서 왕조의 시조들이 문화적 의미를 가져오게 된 것일까? 아니면 6세기 고구려 소나무-현무 고분벽화의 사례와 같이 만주-한반도에 자생한 문화적 상징성이나 서해 건너 중원의 문화에서 유입된 소나무의 문화적 상징성이 소나무를 더욱 많이 이용하게 만든 것일까? 앞의 질문에 대한 대답은 문화생태학cultural ecology의 시각으로 인간의 생태적 적응으로서의 문화를 더욱 강조하는 입장이 되는 것이고, 뒤의 질문에 대한 대답은 문화에서 인간의 의식과 의지를 더욱 강조하는 해석이 된다.

황장목과 대경재 생산

조선시대에도 이전 시대와 마찬가지로 목재는 다양한 용도로 소비되었다. 특히 조선 조정은 소나무의 장양長養을 위해서 국초부터 소나무숲을 금산禁山으로 지정하였고 임진왜란과 병자호란을 치른 이후에 봉산封山을 지정하여 소나무를 보호하고 벌채를 금했다. 소비량의 측면에서 건축재와 선박재가 가장 많이 소비되었다. 조선 후기 소빙기가 와서 기후가 추워지고 온돌이 남부지방의 일반 백성의 가옥구조에도 도입되면서 연료재의 소비도 엄청나게 급증했다.

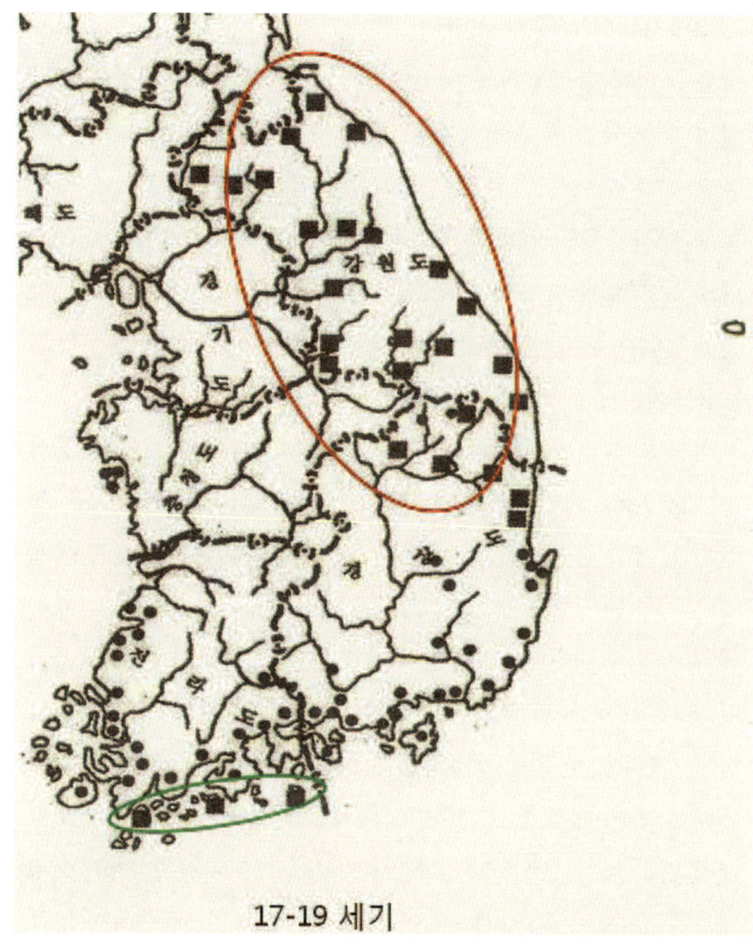

그림 13-2. 강원도와 경상북도 북부에 분포된 황장봉산

임진왜란 이후 숙종 대에 와서 주로 형성된 봉산 체계에서 왕실의 관곽재를 만드는 목재를 공급하는 대경재를 생산하는 지역으로 설정된 황장봉산은 주로 강원도에 분포하고(빨간색 타원 표시지역) 일부는 전라도의 남해안 지역의 세 군데(초록색 타원 표지지역)이다.
자료출처: 『조선 후기 산림 정책사』, 임업연구원, 2002.

■ 황장봉산, ● 봉산

조선시대의 대경재 소나무, 곧 줄기의 지름이 아주 큰 소나무 숲을 조성하고 장양하는 목적 중에 가장 중요한 것은 첫째로 왕실의 관을 짜는 최고급 목재를 공급하는 것이었다. 17~19세기의 봉산 체계 중에서 강원도와 경상북도 북부 지역의 봉산은 거의 모두 황장목을 공급하기 위해서 장양하는 황장봉산이었다(그림 13-2). 둘째로 소나무 대경재는 궁궐이나 다른 큰 건물의 들보와 기둥에 들어갈 목재였으며, 셋째로 수군의 병선과 조운선을 만드는 재료였다.

최고의 대경재 개체목은 황장목黃腸木이었다. 조선의 법령집 『속대전』(1746)이나 『신보수교집록』(1743)에 의하면 황장목은 형질에 있어서 줄기 단면의 중간이 누런색을 띠어야 했고, 관곽재의 성격상 폭이 2자 4치에서 2자 8치 정도까지 되어야 하기 때문에 이것을 벌채한 후 조제한 목재로 환산해 보면 수피를 제거하여 거의 70~85cm의 직경을 가진 통나무가 나올 만한 소나무여야 한다. 그리고 일부의 예외적인 시기가 있었지만 왕실이나 사대부의 관곽은 대경재 소나무에서 나온 광판廣板을 아래 위판으로 해서 짜는 것이 보통이다. 그렇기 때문에 광판이 나올 만한 대경재는 필수 요소였고 따라서 이러한 대경재는 수백 년의 장양을 통해서만 나올 수 있다는 것을 조선의 지도층은 알고 있었다.

건축재 중에서 가장 직경이 큰 목재는 대들보大樑나 높은 기둥 감高柱인데 문헌에 의하면 주로 2자 2치에서 2자 4치 정도까지 되어 거의 60~70cm에 육박한다. 건축 대경재는 또한 관곽재가 사람의 키 보다 더 크게 7자 1치(210cm) 에서 8자 6치(250cm)의 길이를 가지는 것과는 대조적으로 37자(11m)에서 48자(15m) 정도까지 긴 목재를 필요로 했다. 황장목은 대부분은 그 직경에만 초점을 맞추면 되지만 대들보나 높은 기둥감은 또한 최대 3자(90cm)까지의 직경을 가지는 장대통직長大通直한 목재를 요구한 것이다.

그런데 최근의 과학기술로 측정하고 추산한 소나무 개체목과 숲의 성장곡선이나 수확표 데이터를 들여다보면, 조선시대와 같이 최대 3자(90cm) 정도의 대경재 소나무를 키워 내려면 적어도 200년은 키워야 한다는 추산이 나온다. 황장목 개체목 한 그루를 지속적으로 보전하여 키우려면 적어도 2세기 정도의 기다림과 절제가 요구된다는 것이다. 또한 대들보가 가끔은 큰 기둥보다도 더 굵은 목재를 요구하는데 그래도 2자 5치 정도가 되게 키우려면 적어도 150년은 길러야 한다. 1865~1868년에 이루어진 경복궁의 중건에 필요한 소나무재가 없었다는 것은 적어도 1710년대에 한반도의 소나무숲에서 발아하여 150여 년 후에 인간이 베어 쓸 수 있는 지역에 자라나기 시작한 치송稚松이 아송兒松의 단계를 거쳐서 소송, 중송, 대송까지 자라나는 데에 여러 가지 환경적, 인위적 변수들이 제대로 키워내지 못하고 방해했다는 사실을 말한다. 아마도 150년의 반이면 충분하니까 그냥 베어 쓰고 말아 버렸고, 그렇게 지나가니 또 다음 세대의 소나무들도 그런 운명을 껴안게 된 것이다.

조선 조정은 황장목이라는 문화적 소나무 브랜드를 필두로 해

영월 수주면의 법흥사 주변의 사자산이 황장목을 생산하던 소나무숲 황장금산이라는 표시를 각석한 금표.

서 해안과 도서 지방의 대경재를 수백 년 동안 장양하는 체계를 갖추고 있었다. 14세기 말 조선이 새로운 왕조로 개창되면서 소나무를 왕실의 관곽을 짜는 나무로 지정하여 한반도 전역에서 수백 년 된 대경재 소나무를 벌채하여 궁궐안의 장생전長生殿에 보관하면서부터 붙여진 문화적 브랜드가 바로 황장목이라는 사실을 고려하면 현대 한국의 문화사회 임업에도 적지 않은 함의들을 가져다준다. 조선 왕실은 황장목을 오랫동안 높이 기르는長養 소나무숲이 있는 산지는 황장금산, 황장봉산으로 지정하고 금표禁標를 설치하고 산직을 배치하여 소나무숲을 지켰다(그림 13-3).

황장목의 벌채를 위해서 조정에서 황장목 경차관을 파견하였고 황장목 벌채 지역으로 결정된 지역의 관아와 백성들이 황장목 벌채와 운반의 역役에 동원되었다. 예조 관할하의 궁궐 안 장생전에 보관되는 황장목 광판의 수급에 따라서 이러한 경차관 파견과 벌채가 이루어 졌다. 17~19세기에는 강원도와 경상북도 북부에서 벌채한 황장목 목재는 속재궁감으로 쓰고 전라도 해도의 세 황장봉산(순천 거마도, 홍양 절금도, 강진 완도)에서 벌채한 목재는 겉재궁감으로 썼다(그림 13-2 참조). 재궁梓宮이란 관곽재를 일컫는 용어이다. 이것은 조선시대 법전인 『대전통편』(1785)에도 이러한 사실을 그대로 적고 있다.

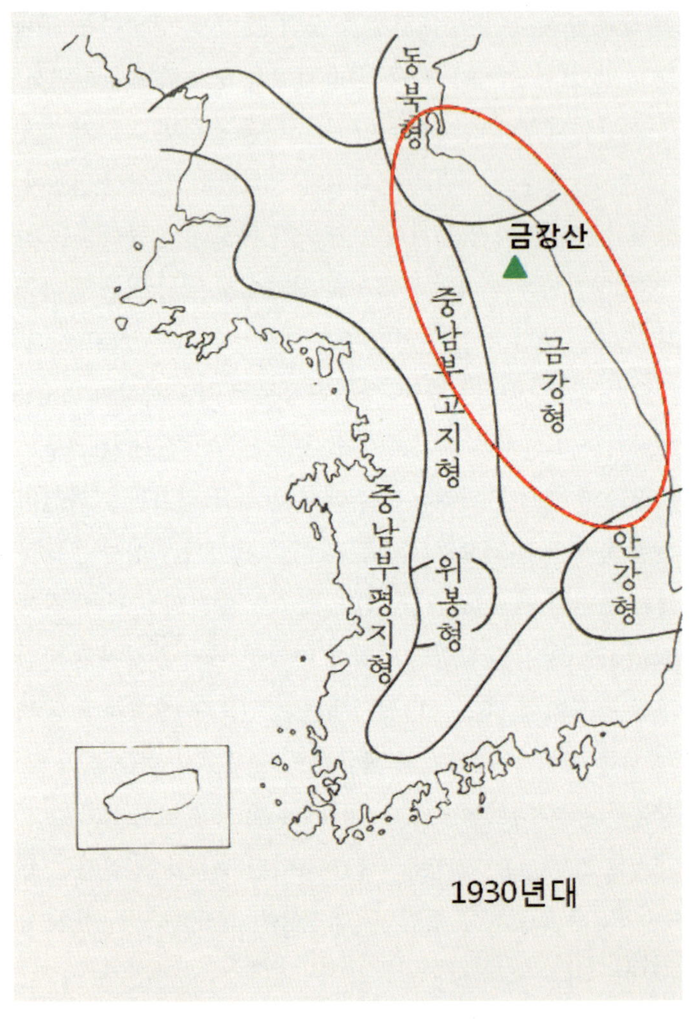

그림 13-4. 1930년대의 소나무의 분포 지역별 형태

1930년대에 일제강점기에 일본산림과학자가 현대 산림과학의 입장에서 소나무의 품종의 구분을
시도하였다. 그중에 강원도와 경상북도 북부에 분포하는 유형은 금강형으로 구분되었다.
당시에 일본인에게도 금강산 여행에 대한 광고가 유행할 정도로 유명했었던 사실에 비추어 금강산의
장대통직(長大通直) 소나무를 중심으로 이름을 붙인 것으로 추정된다.

한국인과 숲의 문화적 어울림

현대과학과 다이아몬드 브랜드 소나무

현재 한국의 산림청과 국립산림과학원에서 집중적으로 육성하려고 하는 금강송金剛松이라는 소나무의 지역 형태 이름은 1930년대의 일본산림과학자의 소나무 구분에서 시작한다고 할 수 있다. 우에키 호미키植木 秀幹 박사가 지역 분포, 수관crown, 수간stem, 침엽의 특성에 기초하여 38가지 품종으로 구분하였는데 현재는 엄밀한 의미의 품종으로 인정하지는 않는다. 1930년대 이후로 소나무의 지역적 형태로 동북형, 금강형, 안강형, 중남부 고지형, 중남부 평지형, 위봉형 등으로 구분되었다(그림 13-4). 그중에 금강산을 지역의 대표명으로 하여 붙인 소나무의 지역 형태가 금강형이고 보통 금강송이라고 한다.

금강송의 분포 지역(그림 13-4)을 황장봉산의 분포 지역(그림 13-2)과 같이 들여다보면 이것이 거의 겹친다는 것을 알 수 있다. 우리는 문화적 목적인 왕실 관곽재로 최고의 대경재를 쓰기 위한 소나무 보호 지역이 바로 1930년대의 서구적 과학의 방법론을 이용한 구분의 시도와 거의 같다는 사실에 놀란다.

더욱 흥미로운 것은 남한에서 볼 수 있는 소나무숲의 개체들이 나타내는 '집단적 혈통'을 살펴보는 첨단 생명과학적 연구에서도 이러한 사실이 더욱 강력하게 드러난다는 것이다. 2007년에 산림유전학 전문학술지 Silvae Genetica에 게재된 국립산림과학원연구팀의 엽록체 DNA 유전표지를 이용한 연구에서 강원도와 경상

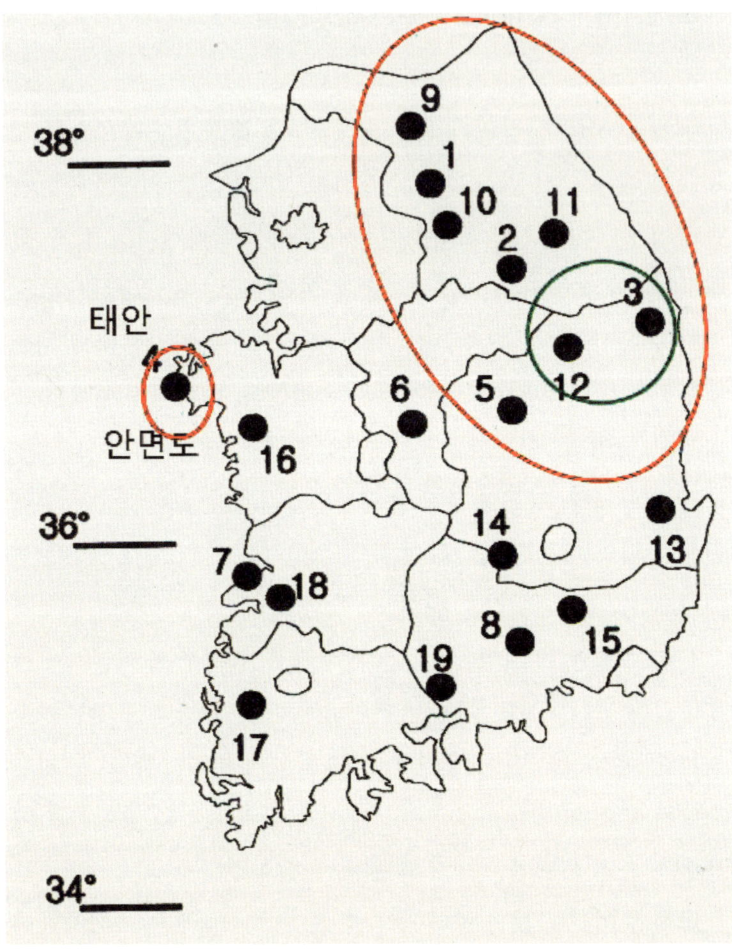

그림 13-5. 엽록체 DNA를 통한 소나무 집단의 구분

최근에 산림유전학 전문학술지 *Silvae Genetica*(독일연방산림과학연구소)에 실린 국립산림과학원 연구팀의 데이터에 의하면 강원도와 경상북도 북부 지역에서 표본뜨기한 소나무들이 가장 가까운 유연관계를 보이는 것으로 나타났으며, 안면송은 경북의 울진과 봉화의 소나무와 유연관계가 가장 가까운 것으로 나타난다. 그림 속의 숫자는 소나무 지역 집단의 번호이다.

자료출처 : Hong *et al.*, *Silvae Genetica*, 2007.

북도 북부의 소나무 개체목들의 집단적 혈통이 가장 유사해서 다른 지역의 것들과는 구분이 될 수 있다는 것이다(그림 13-5). 엽록체는 보통 모계유전이라서 엽록체 DNA 표지들을 이용하면 현재 숲에 존재하는 소나무 개체들끼리 유전적으로 가깝고 먼 관계를 규명할 수 있다. 마치 범죄 현장에서 혈흔이나 정액의 DNA를 통해서 범인의 정체성을 규명하는 작업이나 친자 확인을 위한 유전자 검사에서 유전자 지문으로 DNA 표지를 사용하는 것과 같은 실험방법과 비슷한 데이터 해석 방식을 따르는 것이다.

최근의 과학적 데이터에 근거한 집단적 혈통으로도 강원도와 경기도 북부의 소나무들은 같은 무리로 보게 되고 그 이외의 남한 지역의 소나무들과 구분된다는 것은 과학적인 사실과 함께 문화적 사실들을 포함하고 있다. 현대에 발견된 황장 금표 및 황장봉표는 모두 이러한 황장 소나무숲을 보전하던 곳에 조선 조정이 세운 암석의 각석들이다(그림 13-3). 봉표는 목재로도 세웠지만 현존하는 것은 영월 사자산 황장금표처럼 아주 인적이 드문 곳에 암석에 새긴 것들이 대부분이다.

DNA를 이용한 연구에서 또 하나 흥미로운 사실은 현존하는 태안지방의 소나무들(집단 4)의 집단적 혈통으로 가장 가까운 현존 소나무 집단이 경상북도 울진(집단 3)과 봉화(집단 12)의 소나무들이라는 사실이다(그림 13-5). 태안은 안면도와도 가까운 곳이고 안면도는 고려시대부터 병선과 궁궐재를 조달하던 대경재 소나무의 공급처이기도 했다. 안면도의 휴양림의 소나무는 높이 자라면서 곧은 특성을 보여서 금강송과 비슷한 형질을 보인다. 더욱 정밀한 과학적 데이터가 있어야 하겠지만 안면도나 태안의 소나무들이 경상북도 울진과 봉화의 소나무와 공통조상을 가질 가능성이 있다는 사실은 우리가 '안면송'이라고 부르는 소나무들이 실제로 그 유전적 맥락에서는 태백산맥 지역의 소나무, 곧 우리가 금강송이라고 부르는 소나무들과 조상이 같은 것을 시사하는 것이다. 금강석이 바로 영어로 다이아몬드이다. 금강송은 다이아몬드 브랜드인 것이다. 이것은 또한 금강송의 지역에서 채취한 소나무 씨나 치송들을 조선시대의 사람들이나 혹은 그 이전에 태안이나 안면도로 인위적으로 옮겨져 육성되었을 가능성도 상정해 볼 수 있게 한다. 조선시대 능원림의 나무들이 다른 새로운 능원의 조성 시에 옮겨 심겨진 역사적 사료들이 현재 발굴되고 있는 상황에서 한반도의 동쪽 산지에서 서쪽 해도海島로 옮겨지는 대단위 식수 사례들을 상상해 보는 것은 그리 어려운 일은 아니다.

천 년을 이어온 소나무문화의 문화생태학을 현대에도 보전하면서 소나무문화 이전의 느티나무와 참나무를 필두로 한 활엽수문화를 같이 아우르려 하는 것은 좀 지나친 욕심일까? 하지만 한반도와 만주의 산림 문화적 정체성에는 이러한 다층적인 구조가 존재하는 것은 사실이다. 고구려인들이 고분벽화에 그린 단군조선의 신단수도 활엽수로 그려지고 있다. 1970년대 조림 10대 수종이라는 선택이 있었던 것처럼 한국의 산림문화 수종을 10개 정도로 하면 어떨까 하는 생각을 한다.

제5부

현대 한국인이 향유하는 나무와 숲

제14장

숲 생태계가 주는 문화적 서비스

이제는 친숙한 산림문화

한국에서 이제 산림문화라는 용어는 친숙해져 있다. 이 말이 20여 년 전과 같이 낯설지 않은 이유는 산림학자들이 주도하여 나무와 숲을 일반 문화에 접목시키려는 학술 및 사회문화 운동이 1990년대부터 이후 20여 년 동안 지속되어왔기 때문 일 것이다. 또한 1990년대 말 국제금융위기의 극복을 위한 숲 가꾸기 사업을 통해서 한국 사회에서 나무와 숲의 존재가 크게 부각된 적이 있었기 때문이기도 하다. 이러한 20여 년의 변화를 통하여 산림학이나 임업 자체도 새로운 환경시대에 맞는 인식틀에서 한국 사회 전체에 수용되고 있는 것 같아 보인다. 산림학의 분야나누기의 관점에 보아 산림문화 혹은 숲과 문화는 한국에서 생겨난 문화임업cultural forestry을 반영하는 것이고, 생명의 숲 운동을 통하여 사회적 일자리가 만들어 지고 운영되는 사례는 사회 임업social forestry을 반영하는 것이다. 나무와 숲을 심고, 가꾸고, 이용하는 방식에서 그동안의 제1차 산업의 요소, 목재 및 펄프 생산의 경제적 목적만을 주로 반영하던 차원에서 벗어난 것이다. 나무와 숲이 제공하는 공익적 기능, 환경적 기능이 일반적 인식에 포함되었고, 거기에 문화적 요소와 사회적 요소가 강조되고 있는 현실이 형성된 것이다.

지금은 산림문화나 숲의 문화적 가치라는 어구가 친숙하게 들리지만 이러한 방향의 변화를 만들어 낸 '숲과 문화 연구회'의 주역들이 20여 년 전에 처음으로 이러한 분야를 개척하는 실천을 할 때에는 사정이 그렇지 않았다. 예를 들어 산림학을 뜻하는 '임학'이라고 이야기하면 '음악'이라고 발음한 것이냐고 되묻는 경우도 있었다. 또한 식물학과 같은 자연과학적 사고에 더 익숙한 산림학자들의 사고가 문화라는 인문학적인 사고와 어떻게 조화를 이루겠느냐고 회의적인 반응을 보이는 사람들이 많았다. 그러한 행사나 실천을 통해서 어떠한 새로운 지식이나 체계적인 지식이 생산되어 나오겠느냐는 의심어린 눈초리를 보내는 학자들도 많았다. 숲과 문화를 외치던 당대의 소장파들을 보는 시각도 그러한 실천이 얼마 안가서 수그러질 한 때의 몸부림이겠거니 했다고 회의적으로 이야기하는 사람도 있다. 그런데 산림문화에는 이러한 부정적 시각을 넘어서는 무엇이 있다. 문화에는 종교, 정치, 풍습, 민속, 문학, 음악 등의 여러 장르가 있다. 한 인간 집단, 또는 인족ethnic group의 전반적인 삶이 문화로 묶여진다. 나무와 숲을 들여다보는 창으로 지정하면 한 인족의 문화에는 보이는 것도 많고, 그 상호작용도 다양하며, 이전까지 보지 못하던 것도 새롭게 부각되어 보이는 것이다.

전 지구적 맥락에서 보아도

나무와 숲은 단일한 개체로나 숲 생태계forest ecosystem로 인류 사회가 가진 사회적, 경제적, 문화적, 정신적 필요들을 그 특이한 방식으로 충족시킨다고 할 수 있다. 그래서 이러한 측면은 국제 기구들의 선언, 협정, 문헌 등에 반영되어 있다. 특히 한국 사회에 환경에 대한 의식을 고취한 사건으로 1992년 브라질 리우에서 있었던 환경정상회의를 들 수 있다. 1992년을 기점으로 하여 국제적 환경 기준에 대한 의식도 생겼고 국제 환경 정치에 대한 시각도 형성되었다고 해도 과언이 아니다. 그런데 거기서 채택된 것들 중에 '산림원칙Forest Principles'이 있다. 산림원칙 2조 b항은 "산림자원과 산림 토지는 현재와 미래 세대들의 사회적, 경제적, 문화적, 정신적 필요들을 충족시키도록 지속가능하게 관리(경영)되어야 한다. (…중략…) 숲(산림)의 최대 다중적 가치들을 유지하기 위해서 대기오염을 포함한 공해, 병충해와 같은 위해 효과로부터 숲을 보호하기 위한 적절한 조치가 취해져야 한다"고 명시하고 있다. 현대의 과학적 산림학에서 나무와 숲을 관리, 경영하는 원칙은 지속가능성sustainabiltiy의 원칙인데, 이 조항은 지속가능성이 인간의 사회적, 경제적, 문화적, 정신적 필요를 충족하는 방향으로 유지되고 보장되어야 한다는 것을 강조하고 있다. 과거 한국에서 1960~1970년대에 강조되었던 측면은 나무와 숲의 제1차 산업적 측면, 생산 임업, 곧 경제적 필요였다. 그런데 산림문화에는 이러한 지향성과 목적이 다른 문화적, 정신적 측면이 강조된 것이다. 숲 가꾸기 사업은 경제적인 측면에서 시작된 것이지만 사회적 필요를 충족하기 위한 임업적 시도이다. 물론 1960~1970년대 세대가 대규모 조림을 하고 난 이후에 제대로 가꾸지 못한 한국의 숲에 대한 간벌을 사회적 일자리 창출을 목적으로 시행한 사례가 된다. 숲의 최대 다중적 가치들이 실현된 것이다.

국제연합UN에서 지정하여 실시한 전 지구적 과학자들의 생태계 조사 보고서가 2005년에 나온바 있다. 밀레니엄 생태계 평가 보고가 그것이다. 그중에 「생태계와 인간 참살이Ecosystem and Human Well-being」라는 문헌이 발간되었다. 전 지구적 맥락에서 인간사회와 자연생태계의 상호작용을 살펴보는 좋은 인식틀을 가져다주는 중요한 문헌이다. 상당수의 유수한 생태학자와 여러 인문사회학자들이 지구상에 있는 여러 생태계들을 모두 연구한 결과 이

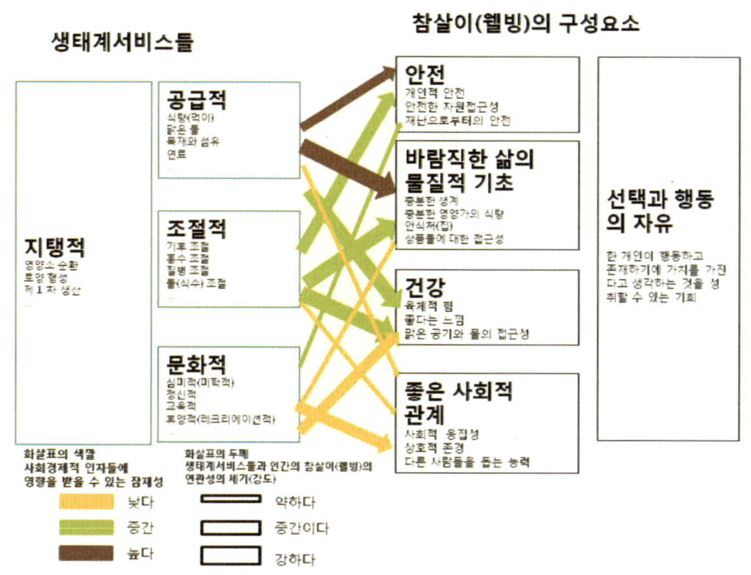

그림 14-1. 생태계서비스들과 인간 참살이(웰빙)와의 연관성

Millenium Ecosystem Assessment, 2005.

생태계들이 인간에게 주는 여러 가지 혜택들을 크게 구분 할 수 있게 되었다. 이러한 생태계가 인간에게 주는 혜택을 '생태계 서비스ecosystem service'로 지칭한다. 그런데 이 생태계서비스들을 크게 네 가지로 분류할 수 있다(그림 14-1).

첫 번째는 생태계 자체가 지구를 지탱하는 기능을 가지고 있다는 사실에 근거하는 것으로 '지탱적 서비스supporting service'라 한다. 토양의 형성이나 식물들과 미생물들에 의한 생태계의 1차 생산 등의 혜택이 인류에게 제공되는 것이다. 두 번째는 생태계가 제공하는 식량, 물, 목재와 섬유 등으로 '공급적 서비스provisioning serv-ice'에 해당한다. 세 번째는 생태계가 지구상의 기후를 조절하고, 홍수, 질병, 물의 흐름과 수지를 조절하는 역할을 수행한다는 것으로 '조절적 서비스regulating service'라 한다. 마지막으로 인간에게 생태계들이 주는 혜택 중에 '문화적 서비스cultural service'가 존재한다. 생태계가 존재함으로서 인간이 자연을 보면서 느끼는 심미적 감정이나 정신, 교육, 휴양 혜택을 가진다는 것이다(그림 14-1).

이러한 생태계서비스의 측면에서 살펴보면 전 세계의 여러 나라들과 마찬가지로 한국의 숲은 전근대 사회에서 그 공급적 생태계서비스를 충실히 제공해 왔던 것이 드러난다. 숲은 목재와 섬유를 가져다주었고, 아주 최근까지도 연료로서 에너지원의 역할을 톡톡히 해 왔다. 그리하여 전 근대 사회에서 인간의 삶(참살이)에 필요한 안전과 바람직한 삶의 물질적 기초를 제공해 온 것이다.

대조적으로 숲이 인간에게 주는 문화적 서비스의 측면에서 살펴보면 과거와 현대의 혜택에서 연속성이 드러난다. 나무와 숲은 고대 사회에서나 고려나 조선의 중세 사회에서 심미적(미학적) 즐거움을 안겨다 주었으며 정신, 교육, 휴양 서비스를 가져다주었다. 물론 고대 사회와 중세 사회가 숲 생태계로부터 받는 문화적 서비스는 현대와는 형식과 질에 있어서 굉장한 차이가 난다. 과학화되어 있는 현대인의 사고에는 고대인과 중세인이 나무와 숲에서 받은 종교적, 정신적, 교육적, 휴양적 서비스는 전근대적 사고와 문화로 치부될 수 있지만 새롭게 보면 다르게 보인다. 현

그림 14-2. 운남성 중국과학원 시수앙바나 열대식물원에 있는 인도보리수

불교적인 지혜의 나무 보리수나무, 곧 인도보리수(Ficus religiosa)는 인도를 비롯한 아열대지역에서
자라는 나무로 중국의 북부나 한국과 같은 곳에서는 서식하지 않는다(위). 싯다르타는 보리수 아래서
6년여의 고행 끝에 마침내 깨달음을 얻는다. 지역의 소수민족들의 문화적 장식으로 밑동을 둘러친
모양이 한국의 서낭나무나 당산나무를 치장한 것과 전체적인 흡사함을 보여 준다(아래).

그림 14-3. 중국 베이징의 서북쪽 지역의 향산 공원의 전각 좌우로 늘어선 아름드리 측백나무

유학의 경전에 등장하는 한자 백(柏, 栢)자는 중원(中原)에서는 고대나 중세 사회에서 모두 측백나무였던 것 같다. 영어 명칭도 프랑스어를 포함하여 '중국생명수(Chinese arborvitae)'로 측백나무이며 교목(橋木)생명수의 자질을 갖추고 있다. 한국에서는 같은 한자 백(柏, 栢)자를 주로 잣나무(Pinus koraiensis)로 새긴 것으로 드러나 인문학자들도 많이 혼동한다. 중국과 한국의 문화적 분화, 또는 '문화적 격의(格義)' 현상을 보여주는 대표적 사례이다. 라틴어 학명도 한국에서는 분류학의 아버지 린네가 쓴 Thuja orientalis를 쓰는 경우가 대부분인데, 중국에서는 Platycladus orientalis로 재 명명된 학명을 쓴다.

한국인과 숲의 문화적 어울림

대 문명과는 거리가 먼 지역에서 사는 소수 민족의 수목 숭배 문화는 독특한 깨달음을 가져다주는 것일 수 있다(그림 14-2).

또한 한국에서는 백栢이라는 한자가 잣나무Pinus koraiensis를 의미하지만 중국에서는 측백을 의미한다는 것을 아름드리 높이 선 측백나무Platycladus or Thuja orientalis를 직접 보고 문화적 차이의 새로운 느낌을 받을 수 있다. 측백나무는 중원의 생명수arbor vitae라고 하는 문화적 생물종cultural bio-species이다(그림 14-3).

과학기술이 엄청난 성과와 진보를 보인 현대 기술사회에서도 나무와 숲에 대한 현대적, 환경론적 접근을 통해서 새로운 문화를 만들고 있는 것은 또한 사실이다. 뿐만 아니라 한국의 숲 생태계는 산업화와 도시화가 진행된 현대 한국 사회에서도 산림문화를 매개로 하여 한국의 보통 사람들에게, 도시인들에게 문화적 서비스를 제공하고 있다. 요약하면 고대로부터 현대사회에 이르기까지 숲 생태계는 굉장히 좋은 문화적 서비스를 인간에게 제공해 주고 있다.

지난 2009년 11월 초에 히말라야와 티베트에 가까운 지역인 중국 운남성 쿤밍시에서 열린 아시아의 산림관련 전통지식과 문화Forest-related traditional knowledge and culture in Asia 국제학술대회에 다녀왔다. 고대 사회와 현대 한국 사회의 문화사회 임업culturo-social forestry을 다루는 제목의 논문을 발표하였다. 발표를 마치자 교토대학의 한 일본 교수님의 질문이 있었다. 그 교수님은 일본의 사례가 아니라 인도네시아의 농촌에서 일어나고 있는 사회 임업의 사례를 발표하셨다. 그 일본 교수님이 알기로는 1960~1970년대에 한국의 국토에 나무를 심는 대단위의 사회적 운동이 있었는데, 그 운동과 20~30년의 격차를 가지고 나타난 산림문화 운동과는 어떤 면에서 차이가 나느냐는 질문이었다. 한국에서는 90년대에 숲과 관련된 문화욕구의 추세가 나타난 것이지만, 그보다 앞서서 70년대 말에서 80년대에 아름다운 숲에 가서 삼림욕을 즐기는 일본의 사례도 있다는 지적이었다.

다른 질문들을 받고 대답하면서 한국의 1960~1970년대의 국토 녹화운동은 강력한 치산녹화의지를 가진 정부의 주도로 새마을운동과 같은 농촌개발로 이끌어간 동원된 변화였고, 1990~2000년대의 산림문화 운동은 보통 사람들의 주도로 이끌어 간 것이라는 비교를 하나의 대답으로 제시할 수 있었다. 말하자면 산림학자들이 보통 사람들, 한국의 시민들을 데리고 숲으로 가서 문화적 행사와 실천을 했다는 것이 주요한 특징이다. '숲과 문화 연구회'의 산림학자들이 아름다운 숲으로 일반인, 도시인, 시민들을 데리고 가서 나무와 숲을 직접 체험하고 배우게 할 뿐만이 아니라 시를 읊고, 무용가의 공연을 보게 하고, 화가들이 작업하는 것을 보여주고, 클래식 음악가들과 한국 전통 음악가들의 콘서트를 열었다는 것이다. 이러한 움직임을 만들기 위해서는 산림학자들이 문화를 통해서 인문학적 소양을 엄청나게 길러야 했던 면에서 차별성이 생긴다. 이러한 문화적 움직임은 선진국에서 별로 유래가 없다고 할 수 있다.

문화사회 임업의 의미

한국에서 하나의 바람직한 사례로 등장한 산림문화는 나무와 숲의 문화사회적 가치, 곧 숲 생태계의 문화적 서비스를 아주 극명하게 보여준다. 다르게 말한다면 한국 산림학자들이 한국의 나무와 숲의 문화사회적 가치를 끌어내고 강조하면서 만들어 나간 것은 숲 생태계의 문화적 서비스가 환경의 시대, 도시인의 시대에 걸 맞는 형태로 도출될 수 있다는 것을 여실하게 보여 준 것이다. 이 때문에 이제 한국 사회에서 산림문화라는 용어는 친숙한 말이 된 것이다. 물론 도시인들이 나무와 숲의 문화적 가치를 알게 된 것만큼이나 나무와 숲을 자연 상태로 경험하는 농촌 및 산촌의 사람들에게도 변화를 가져 온 것은 분명하다. 농촌 및 산촌이 도시적 공간을 빠져나와 자연을 체험하러 오는 사람들을 위한 시설과 편의를 제공해야 하는 변화가 밀려 온 것이다. 또 다른 방향에서 보면 전문가의 컨설팅을 받으면서 일부의 한국의 숲을 일반 시민들이 경영하는 사회 임업도 한국에서 만들어 지고 있다.

한국사회에 산림문화가 자리 잡는 과정을 통해서 산림학이 인구의 대부분을 차지하는 도시인을 끌어안았다고 강하게 이야기할 수 있다. 현재 한국 사회에서 도시인의 비율은 95%에 이른다고 한다. 도시화된 공간에 살고 있는 인구가 대부분이고, 농촌이나 산촌 공간에 사는 사람들의 수는 제한 적이라는 것을 알 수 있다. 환경시대의 산림학과 임업은 한국에서도 인구수나 경제 생산 수치에서 아주 적은 부분을 차지하는 농촌 및 산촌이라는 공간 속에만 갇혀 있을 수는 없는 일이다. 과거의 생산 임업에만 반영된 학문적 영역으로만 남아 있을 수 없다. 나무와 숲은 도시화된 공간에 사는 사람들에게도 귀중한 것이다. 나무와 숲을 알고 즐기고 보전할 줄 아는 일반인, 도시인들을 만들어 내는 데에 산림문화, 문화사회 임업이 크게 기여한 것이다. 보통 사람들이 나무와 숲을 어떻게 느끼고 바라보는 가가 가장 중요하다고 해도 별로 틀리지 않을 것이다. 나아가 동북아시아의 지역별로 문화적 차이도 나무와 숲에 대한 인족별 지각perception의 차이에서 재발견될 수도 있다.

우리는 현재 나무와 숲을 조성하고 보전하고 경영하는 이유에 목재자원이나 비목재생산물을 얻는 경제적 가치보다 숲 생태계의 문화적 서비스를 확대하는 것이 더욱 중요해진 시대를 살고 있다. 물론 나무와 숲의 문화사회적 가치와 경제적 가치는 같이 갈 수 있다. 기후변화와 탄소배출권과 연동되어 숲을 조성해야 하는 현실이 가깝게 다가온 지금 더욱 그러한 것 같다.

제15장

통직성의 미학을 간직한 소나무숲길

백두대간의 허리를 넘는다는 것은 의미를 지닌다. 만주의 헝클어진 산줄기가 백두산에서 하나의 높음을 접고 개마고원을 거쳐 다시 반도 동쪽으로 쭉 뻗어 내려오는 것이 백두대간이기 때문이다. 현재에 그어진 경계로 보아 강원도를 동과 서, 둘로 나누면서 솟은 높은 산들의 맥을 넘어가면서 가장 많이 느끼게 되는 것은 무엇일까? 행선지로 가면서 그냥 무심코 넘어가는 것이 가장 많을 것이다. 혹여나 높은 산에 있는 땅에 무언가를 투입해서 이득을 챙길 수는 없을까를 먼저 생각하는 것은 아닐지 의심된다. 보다 낮은 고도의 평지에서 일어나는 현상들이 가관이라서 그렇다.

지난 50여 년 동안의 근대화를 거치면서 한국인들이 땅을 느끼고 생각하는 방식에 커다란 변화가 있었다. 땅은 원래 나무와 곡식을 포함한 여러 식물들이 뿌리를 내리며 자라고 곤충과 새들이 찾아오며 여러 큰 동물들이 적어도 가끔씩은 보이던 공간이었다. 그런데 그간의 변화를 거치면서 주로 돈이나 개발이라는 덧붙임이 자동적으로 따라 나오게 될 정도로 금전적 색깔이 너무 강하게 채색되어버렸다. 더욱 부정적으로는 땅장사나 땅 투기라는 행태를 통해서 땅은 '스스로' 별로 바람직한 것을 생산해 내지 못하는 종속적 대상이라는 의미가 덧칠되어 버렸다. '흙과 땅'이라는 뜻의 토지土地도 비슷한 채색으로 빛깔이 바래 버린 것 같은 인상을 지울 수 없다. 토지위에는 건물이나 건축이 들어서야만 직성이 풀리게 된 우리의 사고습관 때문이다. 근대화이전의 농업시대에는 그래도 토지가 인간의 식량을 생산하는 밑바탕이라는 인식으로 깊게 자리하고 있었지만 지금은 토지의 원래의 의미는 빛깔이 퇴색된 채 쓰러져 가는 황토집처럼 시대에 뒤쳐진 그늘만을 안고 있는 것 같아 보인다.

현대 한국인의 의식에는 나무도 숲도 산도 이러한 색깔이 칠해진 의미의 공간 속에서 헤어나기가 참으로 어렵다. 나무도 숲도 산도 땅과 토지가 현재 머금고 있는 '금전적 개발 잠재성'이라는 질곡 속에 자물쇠 채워져 있기 때문이다. 이러한 심리적 질곡은 도시화와 공업화를 통해서 '과잉으로' 나타난 것이다. 하지만 머릿속과 마음속에 채워진 복잡한 심리적 불안정이 어디서 오는 줄은 몰라도 적어도 가끔은 도시적 틀, 인간적 얼거리, 경제적 닦달에서 벗어나고픈 욕망은 어쩔 수 없이 생겨난다. 산을 정복하러 마냥 올라보기도 하고 다른 사람과 치열한 경쟁에서 이겨보려고 처절하게 힘써 보기도 하고 별로 좋지 않은 도시환경에서 적절한 체중을 유지하고 건강을 보전하기 위해 온갖 수단과 방법을 동원해보기도 한다. 도시인들이 95%를 넘어선 한국 사회의 한 편에서는 이렇게 의식과 무의식의 질곡에 채워진 자물쇠를 열어 버리려는 욕구가 존재한다. 다람쥐 쳇바퀴처럼 돌아가는 도시생활에서 지속가능하면서 건강한 참살이(웰빙)를 가꾸기 위해서는 올바르고 밀도 높은 여가생활 혹은 휴양이 반드시 필요한 것이다.

통직성의 미학

쭉쭉 곧게 땅에서 하늘로 향해 뻗은 큰 키의 나무들이 서 있는 장관이 연출되어 있는 공간에 실제로 가서 보고, 느끼고, 걸으면서 숲과의 말없는 대화를 체험하자. 큰 키의 나무들이 집합적으로 가지런히 서 있는 공간이 가진 위용을 느껴보는 것이다. 도시생활에서 헝클어진 내면과 심리적 불안을 가지런히 펴고 평정심平定心을 되찾는 가장 주효한 지름길은 이러한 숲길 걷기에서 찾을 수 있을 것이다. 특별하게 자연과의 교감이니 생태적 해득력이니 하는 어려운 말을 쓰지 않아도 큰 키의 나무들이 일제히 꼿

꼿하게 서 있는 숲길과 산비탈을 거슬러 올라가 본 사람들은 자신이 '작정하여 만든 여유'를 가지고 산책하면서 어떤 내면적 변화를 경험하게 되었는지를 쉽게 알게 된다. '통직성通直性'이라는 말로 표현할 수 있는 이러한 경관체험의 영향은 오래 기억된다. 여러 번 반복해도 매번 새롭고 지겹지 않은 것도 아주 이상한 체험일 것이다. 물론 자신이 걷는 숲길의 좌우에 펼쳐져 있는 나무들의 가지런한 통직성의 합창을 보고 듣고 느끼려는 적극적인 마음가짐은 요구된다.

우리 소나무Pinus densiflora가 통직성의 합창을 가장 잘 하는 나무라고 하면 모두들 놀랄 것이다. 도시야산이나 주위에서는 제대로 큰 키의 통직한 소나무를 본 적이 없기 때문이다. 거의 대부분 비틀배틀하거나 비쩍 말라비틀어진 소나무만을 보고 자라난 우리의 조부모나 부모세대들의 경험에는 더욱더 그렇다. 일제강점기와 한국전쟁을 거치면서 생존압력의 무게에 짓눌려 있었던 세대들에게 많은 것을 기대할 수 없는 것이다. 그런데 한국인의 겨레상징이기도 한 소나무를 놓고 형질이 좋지 않으니 없애 버리자든지 해충이 많고 별로 쓸모도 없다든지 하는 망언을 일삼는 일부의 사람들이 있어도 별 반응이 없는 것은 문제다. 소나무를 허락 없이 벌채하면 목이 댕강 달아난 엄연한 역사적 사실을 알려주어도 눈도 꿈쩍하지 않는 이상한 행태도 별로 반갑지 않다.

특히 맑은 날의 이른 새벽 대관령 휴양림의 소나무숲길을 걸으면 내면의 헝클어지고 굽어진 모든 번뇌와 불안을 쭉 펴주는 소나무들의 합창을 눈으로, 귀로, 오감으로 느끼고 체험할 수 있다. 우리 소나무의 통직성은 줄기(수간)만으로 이루어 진 것이 아니다. 하늘을 향해 쭉 뻗어 오른 상층부에 측면 가지들과 솔잎들이 형성하는 왕관 같은 수관樹冠들의 미려한 연결망이 줄기가 만드는 집합적 가지런함을 떠받쳐 주는 배경 미학을 연출해 준다.

큰 키의 통직한 소나무들이 집단적으로 그려주는 그림은 인간으로 하여금 무언가 굴곡지고 헝클어진 심성의 상태를 가지런히 펴는 다른 차원의 그림을 심층적으로 각인시킨다. 올바름이 무엇인가, 정의란 무엇인가, 철저함이란 무엇인가를 모색하는 사람들에게는 아름다우면서도 강인한 소나무의 통직성이 강열한 이미지를 가져다준다.

'아름다운 통직성의 합창'은 볼 수 있는 것이다. 우리 소나무는 여러 형태의 모양으로도 존재하여 다양한 조형적 미감을 주는 것도 사실이다. 용같이 구부러진 모습의 소나무들도 진경산수화 같은 옛 그림들에도 자주 나타나고 이상향을 묘사하는 다른 동양화에도 자주 등장하는 제제이기도 하기 때문이다. 하지만 통직성의 장대한 소나무 집합을 보는 맛은 '유별난 독특성singularity'을 가진다.

숲의 역사

강릉은 한반도의 영동지방에 있다. 어떤 목적으로 대관령을 넘든지 대관령을 넘으면 영동지방에 들어서는 것이다. 영동지방은 동해를 볼 수 있는 곳이다. 그런데 바다의 반대 방향으로 시선을 돌리면 해발고도가 높은 곳에 자연의 힘이 강력한 영향을 끼친 소나무의 녹색바다도 있다. 우리가 영동고속도로 옛길을 굽이굽이 돌면서도 맨눈으로 확인할 수 있는 굉장히 가파른 경사의 백두대간 태백산맥 동쪽사면에 펼쳐져 있는 소나무 바다가 바로 그것이다.

대관령을 넘어 가서 상당히 고도가 낮아진 지역의 도로변에 이르면 '대관령 휴양림'의 안내판이 서 있다. 푯말이 도로변에 덩그러니 크게 보이지만 들어가는 길도 좁고 개발이나 도시적 쌈박함과는 거리가 먼 마을의 집들만이 눈에 보인다. 강릉시 성산면 어흘리 마을이다.

1,400~1,500년 정도 발해-통일신라시대로 거슬러 올라가면 강릉은 명주라 불리는 제법 큰 통일신라 동북방의 주도였다. 신라 하대의 명주와 삭주는 현대의 영동과 영서지방과 비슷한 규모와 넓이를 가지는 통일신라 9주 중의 두 주이다. 명주의 중심이 바로 현재의 강릉에 해당한다. 그 이전에는 고구려와 신라의 접경지대였고 춘천의 고고학 발굴에서 보는 것과 마찬가지로 옥저와 동예와 같은 청동기-철기 초기시대에도 태백산맥의 동서쪽에 인

간들의 거주가 있었던 것으로 보인다.

마구잡이로 잡아서 명주의 고대 사회에서부터 소나무를 100년 내지는 200년을 키워서 큰 목조건물이나 배를 만드는 데에 사용하였다고 보면 사람들이 오랫동안 거주한 곳의 주변이 되는 어흘리와 같은 대관령 주변의 낮은 고도의 산림에는 현재까지 아마도 최소한 8번에서 15번 정도의 벌목伐木에 의한 변화들이 있었을 것이다. 한반도의 땅에 1,400~1,500년 정도 보존된 오래된 꽃가루(화분)들을 분석하면 소나무가 우점하기 시작한 것도 통일신라-발해 시대라고 한다. 무슨 이유 인지는 모르지만 한반도 지역의 자연이 그렇게 만들었다고 설명해 버리면 그만이다. 그러나 1,400~1,500년 전부터 한반도에 사는 당시의 사람들이 소나무의 목재적 가치를 알고는 인위적으로 육성하기 시작한 것으로 보아도 큰 무리는 아닐 것이다. 자연과 인간의 상호작용의 산물이 이 지역의 소나무숲의 역사인 것이다. 고려 초기인 약 1,000년 전부터 서해안 안면도에 소나무를 길러서 한반도 중서부의 목재문화를 지속시켰다는 역사기록을 살펴볼 수 있는 것과 마찬가지로 현재의 강원도에 해당하는 조선의 관동지역 소나무 문화도 최소한 그 정도 되었을 것이고 한 500년을 더 거슬러 올라갈 수도 있을 것으로 추정할 수 있다. 한반도의 인간과 산림의 상호작용의 역사가 오래되었음은 이러한 어흘리 대관령 휴양림 같은 곳에서 만날 수 있다.

사실 어흘리 마을이 보이는 곳에 당도하여 도로변에서 마을과 휴양림 쪽을 들여다보면 통직성을 맛볼 수 있을 만한 우리 소나

그림 15-1. 대관령 휴양림 표지석

우리나라 최초로 지정된 휴양림인 대관령 휴양림의 입구에 있는 표지석.

무숲이 있을 것이라는 실마리가 거의 하나도 보이지 않는다. 장대한 아름다움을 감추고 있는 화장기 없는 얼굴이라 할까? 다른 방식으로 대관령 휴양림 지역으로 들어가는 통로는 '대관령 옛길'이라는 푯말이 있는 대관령의 고속도로 중간지점에서 등산로를 따라서 내려가는 길이다. 이 등산로에는 현대 시인이나 김시습 같은 옛 시인의 시비들도 있어서 여느 등산로와는 사뭇 다르다.

고대 및 중세 사회에서 근대사로 넘어오면 어흘리 기슭의 소나무숲은 한반도에 사는 사람들이 겪었던 고난과 부활에 병행하는 역사를 간직하고 있다는 것을 찾아 볼 수 있다. 울창했었을 소나무숲을 말끔히 벌목해서 자신들의 목적에 맞게 써버린 일제강점기의 역사가 소나무숲에 함유되어 있다. 현재의 대관령 휴양림에 있는 일부의 우리 소나무숲은 일본인들이 한반도에 와서 베어내고 자신들의 미래의 지배목적에 맞게, '개발 아닌 개발'을 위해 소나무 씨를 뿌려서 약 20년간 가꾼 흔적이다. 1922년에서 1926년 사이에 한반도의 땅에서 난 그 소나무 씨들이 수탈의 그림자를 안고 조선인들의 손으로 뿌려졌다. 만약에 우리가 일제강점기의 일본인들에게 고마워 할 부분이 있다면 20년 정도의 몫과 우리 선조들이 가지지 못했던 미래를 보는 안목을 배운 것에 감사의 표시를 하면 된다. 하지만 그 소나무 씨들은 한반도에서 오랫동안 번창한 앞선 세대의 소나무 집단들로부터 난 것들임에 분명하고 실제 노동력은 조선인들이 투입한 것이다. 그리고 그 후계 소나무들은 80여 년간 잘 자라났고 늠름한 자태를 보여주고

있다. 이제는 거의 60여 년간 한국인들의 노력과 땀방울이 들어
간 우람하고 가지런한 통직성을 보여주는 숲이 되었다. 최소한
1,000년의 숲의 역사 가운데 20여 년은 그리 큰 것이 아님은 잘 새
겨볼 필요가 있다.

미래 세대를 위하여

대관령 휴양림에는 다른 곳에서는 잘 볼 수 없는 큰 키의 우리
소나무로 된 숲이 대단히 좋다. 대관령 휴양림에는 몇 개의 우리
소나무숲길이 있다. 이 소나무숲길들을 천천히 걸으면서 좌우를
살펴보고 그 경관을 마음에 새긴 다면 금전적 개발 잠재성, 도시
적 틀, 인간적 얼거리, 경제적 닦달 같은 것에서 벗어나는 것은 물
론이고, 그러한 문제들을 해결하고 돌파하고 극복하고 승화하는
원동력을 얻을 수 있을 것이다. ‘통직성의 미학’이 주는 효과는 이
러한 것이다. 어흘리 대관령 휴양림의 토지에서는 땅이 어떤 것
을 ‘스스로’ 만들어 내고 어떻게 나름의 생명 합창을 만들고 있는
지를 볼 수 있다.

① 대관령 휴양림의 ‘숲속수련장’이 조성된 넓은 공터 주위를
삥 둘러 있는 소나무숲길을 걸어보는 것이 가장 길이가 짧지만
많은 것을 보고 느끼고 생각할 수 있게 할 것이다(그림 15-2). 입구

그림 15-2. 대관령 휴양림 소나무숲길

대관령 휴양림은 80~90년생의 소나무가 통직하게 뻗어 있는 아름다운 숲을 보여 주고 있어서 숲길을 걸으면서 위를 쳐다보면서 그 미학을 감상할 수 있는 경관이 마련되어 있다. 조선시대에 황장목을 위해서 길게 위로 곧게 뻗은 나무를 보전하였던 지역의 선조 나무에게서 유래하였으면서 또한 그러한 형질을 가지는 소나무의 생장에 알맞은 환경을 가지고 있어서 경복궁 궁궐을 복원하는 도편수도 이 지역의 금강소나무를 전통 목조건물 복원에서 가장 좋은 목재로 손꼽는다.

그림 15-3. 대관령 휴양림 소나무숲의 통나무집

휴양림에서 묶을 때에는 콘크리트로 지은 집에서 묶을 수도 있지만 금강소나무숲이 울창한 지역의
일부에는 통나무로 지은 집이 있어서 소나무숲에서의 하룻밤도 제공한다.

한국인과 숲의 문화적 어울림

의 관리사무소와 주차장을 지나 가파른 길을 올라가면 '솔고개'
가 있다. 특히 맑은 날 새벽 혼자나 둘이서 단출하게 '솔고개'에서
보아 '숲속수련장'의 왼쪽 동쪽 능선으로 올라가서 숲길을 타고
올라가면 좋다. 떠오르는 햇빛이 큰 키의 통직한 소나무들의 쭉
쭉 뻗은 줄기들에 가로무늬를 만들어 내는 장관을 볼 수 있을 것
이다(그림 15-3). 이러한 장관을 보는 영광의 시간을 체험할 때 가
슴이 얼마나 벅차오르는 지는 실제로 맛보아야 알게 된다. 눈 덮
인 소나무숲길을 걷고 싶다면 꼭 아이젠을 끼고 걷는 것이 좋다.
'솔고개'에서 보아 '숲속수련장'의 오른편을 타고 올라 시계반대
방향으로 돌아보아도 좋다.

② '숲속수련장' 소나무숲길뿐만이 아니라 '솔고개'에서 동쪽
언덕배기를 살짝 넘어가는 소나무숲길도 좋다. 휴양림 입구보다
동쪽으로 뻗어나 있는 소나무숲길이다.

③ '솔고개'에서 바로 '노루목이'를 향해 반시계방향으로 돌아
오르거나 '솔고개'를 내려가 '숲속수련장'으로 가는 시내를 건너
기 바로 전에 '야생꽃밭'을 보면서 시계방향으로 돌아 오르는 소
나무숲길도 있다.

④ 숙소로 사용하는 '숲속의 집'과 '휴양관'은 관리사무소와 주
차장에서 비슷한 높이로 서쪽으로 들어가 계곡을 건너서 위치하
고 있는데 계곡 건너편 쪽에도 장대한 소나무들이 많은 숲길이
나있다. 이 숲길은 좀 더 멀리 들어간 곳에 위치한 야영장까지 연
결되어 있다.

그런데 이렇게 좋은 우리 소나무의 통직성 장관壯觀을 우리 세대만 볼 수 있겠는가를 생각하면 굉장히 아깝다. 다음 세대도 이러한 보배를 맛보아 알아야 할 것이 아닌가? 앞으로는 한반도와 만주도 도시화와 공업화가 더욱 심층적으로 진행될 것으로 예상할 수 있고, 그러한 공간에서 자라난 다음 세대들은 현재의 세대들 보다 더욱 자연과는 격리된 환경이 성장배경이 되어 있을 것이다. 당연하게는 우리의 조부모, 부모세대들에 비해서 생태적 해득력에 있어서 현격하게 차이가 나고 감수성도 도시적으로, 인공적으로만 채색되어 있을 것이다. 자연의 경이로움을 찾기 보다는 자연공간에서 두려움이나 공포를 먼저 느낄 것이다. 현 세대들에 의해서 생태교육이 엄청나게 강조된다 하더라도 머릿속은 생태적이지만 몸이 생태적으로 따라가지 못할 지도 모른다. 소나무숲길은 생태교육에도 아주 좋은 모재를 제공할 것이다. 자연에 대한 올바른 외경畏敬과 존경을 가지게 할 수 있을 것이다. 자연의 여유 속에서 생각할 줄 아는 능력들을 길러 주는 데에도 숲길걷기는 좋은 체험을 가슴과 머리에 각인시킬 것이다.

소나무숲길을 걸어보면 주위에 큰 키로 통직하게 가지런히 더불어 서 있는 소나무숲을 오래된 미래를 위해 조성하는데 들인 산림인의 땀방울이 지닌 가치를 제대로 깨닫게 될 것이다. 대관령 휴양림은 기록으로 확인되는 부분이 80년 정도가 된 소나무인 공림이다. 앞으로 20년이라는 미래를 미루어 보아 100년 된 소나무숲을 가슴과 머릿속에 그려보자. 아마도 100년생 소나무들의 생신을 축하하는 잔치가 있어야 할 것이다. 현재 10살인 어린이들이 30살의 장년으로 자라난 그 시점을 그려보면 우리 세대가 어떤 노력과 안목으로 숲을 일구고 관리해 나가야 하는 지에 대한 청사진이 저절로 그려 질 것이다. 환경윤리 혹은 현대 응용윤리에는 '세대 간의 윤리'라는 중요한 주제가 있다. 이 주제를 고도로 복잡하면서도 유려한 언어로 그려내는 철학도 제대로 만들어져야 하지만, 오히려 우리 소나무숲을 일구고, 가꾸고, 물려주는 장기지속형의 실천 속에 더 큰 의미의 윤리가 살아서 숨 쉰다고 할 수 있다.

대관령 휴양림의 소나무숲길을 걸으면서 만나는 것은 통직성의 미학, 숲의 역사, 그리고 환경윤리이다. 우리 소나무숲길은 과거에서 현재로 들어와 있고 미래로 열려 있다. '작정하여 만든 여유'속에서 숲길을 거닐며 생각에 빠지고 사색에 잠기는 사람에게는 이미 참살이가 다가와 있다. 대관령 휴양림에는 백두대간의 정기를 받은 소나무숲이 만들어져 있는 공간이 숨겨져 있다.

제16장

소나무의 생명과학과 유전자원의 보전

소나무라는 생명체

소나무가 생명체라는 인식은 만주와 한반도를 주요 무대로 생활을 영위한 사람들에게도 아주 오래된 것이다. 움직여 다니는 동물들과 마찬가지로 베어내어 건축이나 다른 용도로 이용하는 소나무를 포함한 여러 나무들에게도 생명이 있다는 것은 오래전부터 인식된 것이다. 그것이 물활론animism이나 신화적 사고 방식 속에서였든지 민족고유의 풍류도 혹은 선도仙道의 인식체계이든지 그 이후의 불교적, 유교적 인식 체계이든지 마찬가지였다. 자신들이 자주 다니는 토지와 산천 경계 내에 아주 작은 솔씨나 나무 씨가 발아하여 지속적으로 성장하고 이후에는 자신들의 생명이 다할 때 즈음에도 한 아름된 소나무가 늘 푸르고 장대하게 지켜보고 서 있다는 것을 알아차리게 된 것이었다.

인생의 길이보다 더 오래 살아있는 자연물들에 대한 인식은 아주 오래되고 무의식에 자리 잡을 정도로 깊은 것이다. 소나무는 조금 더 특별한 측면이 있다. 솟대의 '소'가 의미하는 '으뜸', '높음', '대표'가 나무라는 보편물을 지시하는 명사의 앞에 위치하면서 순수 한국어 낱말로 남아있다. 나무 혹은 수목樹木이라고 하면 소나무가 가장 먼저 연상될 정도로 특별한 것이다. 순수 한국어 낱말로 불리는 대표적인 나무중의 하나인 참나무는 오히려 도토리가 먼저 연상되고 도토리와 묵이 더욱 사람들에게 가까이 다가와 있지 나무와 목재라는 이미지를 먼저 가지고 다가오는 것이 아니다. 한국에서 소나무가 나무를 대표하는 편이고 나무와 목재라는 이미지를 먼저 가지고 다가오는 것이다.

오래된 전통적 시각 속에도 소나무 혹은 나무의 큰 부위를 나누는 말들은 발달되어 있었다. 소나무에 줄기(둥치)가 있고 줄기에 달린 가지가 있고 가지에는 당연히 바늘잎이 달리게 마련이고 어느 시기에는 솔방울이 달리고 솔방울이 달리기 이전에는 가지 끝에 도드라진 형태에서 송홧가루가 막 날리는 것을 만주와 한반도에 살던 선조들도 이미 관찰했고 그에 대해 이야기할 수 있었다. 땅에 서 있는 나무를 파면 뿌리가 있다는 사실도 이미 오래전부터 알고 있었다. 따라서 한자로 표기하는 말들에 앞서서 이미 순 한국어 낱말들을 다 가지고 있었던 것이다. 예를 들어 줄기 혹은 그루 주株, 가지 지枝 혹은 가지 병柄, 이파리 엽葉, 뿌리 근根을 열거 할 수 있을 것이다. 이러한 순 한국어 위에 한자어를 이용하여 단어를 조어하여 더욱 정치精緻한 개념적 인식을 할 수 있었던 것 같다.

소나무를 서구과학적인 시각인 생물학 혹은 생명과학의 틀로 살펴보기 시작 한 것이 이제 겨우 70~80여 년 된 것 같다. 소나무의 부위는 현미경적 시야視野를 기준으로 육안으로 보는 부위를 다루는 형태학morphology과 현미경적 시야를 주로 다루는 해부학anatomy의 틀로 기술記述 혹은 기재記載할 수 있다. 그리고 소나무라는 생명체의 생명현상들은 세대 간의 형질의 대물림과 유전자를 다루는 유전학genetics, 살아 있는 건강한 나무와 숲의 생리현상 전반을 다루는 생리학physiology, 그리고 살아있는 소나무가 병이 드는 과정이나 치료를 다루는 병리학pathology의 틀로 설명하는 것이다. 생명체인 인간을 다루는 분과학문들을 이와 비슷한 대분류적 과학들 ― 조직학, 해부학, 유전학, 생리학, 병리학 등 ― 로 나눌 수 있는 것과 비슷하다.

생명체는 세포로 구성되어 있다. 인간이라는 움직이는 생명체가 동물세포로 이루어져 있는 것과 마찬가지로 땅에 고정된 생명체인 소나무도 식물세포로 이루어져 있다. 반면에 인간은 인공으로 자신들의 삶터와 환경을 꾸려가는 부분이 엄청나게 증대되어 있기 때문에 다른 동물, 식물, 미생물과 같은 생명환경 ― 혹은 유기有機적 환경 ― 과 무기無機적 환경과의 관계들과 상호작용들을 다루는 지적 체계를 '생태학'이라는 말로 지칭하기를 꺼려한다.

소나무가 보여주는 생물적, 무생물적 환경과의 관계들과 상호작용들을 다루는 학문은 '생태학ecology'이라는 이름으로 불린다.

소나무에게는 다시 이러한 생명체라는 기본 인식을 바탕으로 실제로 기르고, 키우고, 작업하여 인간과 사회의 경제적, 환경적, 문화적 수요와 효용을 창출하고 공급하는 것도 요구된다. 이렇게 생명과학의 바탕 위에서 생명체 혹은 생명자원biological resource의 관리와 경영을 목적으로 하는 총체적 지식 체계가 바로 '산림학Forstwissenschaft' 혹은 '산림과학forest science'이다. 따라서 '소나무의 산림학'은 소나무라는 생명체에 대한 지식으로부터 올바른 이용과 보전을 염두에 도는 모든 활동을 포괄하게 된다.

유전 : 소나무도 자손을 남긴다

총체적인 산림과학의 입장에서 보다는 시각을 좁혀서 생명과학적으로 소나무의 생명현상을 그려 볼 수 있을 것이다. 먼저 유전학에 직접적으로 관련되는 형태학과 그 해부학으로 솔방울과 솔씨가 만들어 지는 과정을 살펴 볼 수 있게 된다.

송홧가루가 날리는 시기는 자손을 남기기 위한 과정의 백미라고 할 수 있을 것이다. 봄이 되고 여름으로 넘어가기 전에 소나무의 가지 끝 부분에는 도톰한 구슬주머니 모양의 형태들이 줄지어

그림 16-1. 소나무의 수꽃과 암꽃

소나무의 수꽃(좌) : 봄의 4, 5월에 노란색의 송홧가루가 날릴 때에 소나무 가지의 바깥 부분을 살펴보면 관찰 할 수 있다. 그 해에 난 가지 끝을 삥 둘러서 형성되는 수꽃들을 볼 수 있다. 각각의 수꽃은 도들도들하게 염주 알을 엮어 놓은 모양이다.
소나무의 암꽃(우) : 송홧가루가 날리는 과정의 끝 무렵에 소나무수꽃 모둠이 있는 곳의 끝 부분에 보통 두 개 정도의 빨간색의 암꽃이 나와 있는 것을 관찰 할 수 있다. 이 암꽃들이 송홧가루를 받아서(수분) 화분관이 발아하고 수정이 이루어지면 이듬해에 솔방울로 자란다.

서 달리는 데, 이것이 나중에 성숙하여 송홧가루를 날리는 소나무의 수꽃모둠 혹은 웅예雄蘂가 된다(그림 16-1). 이 수꽃에서 인간으로 말하면 정자와 같은 송홧가루가 생성된 후에 바람에 날리는 것이다. 정자는 난자와 결합하여 새로운 인간 생명을 만들어 내는데 송홧가루는 바람에 날리어 주로 다른 소나무의 암꽃 혹은 자예雌蘂의 특정 부위에 가서 붙은 후에 암꽃 속의 씨방에 존재하는 알세포 — 인간의 난자에 해당 — 와 수정하게 된다.

솔방울 혹은 다른 말로 구과毬果는 소나무의 암꽃이 발달하여 생기는 것이다. 소나무의 암꽃은 봄에 새로 난 가지 끝에 소나무의 수꽃(송홧가루 주머니)이 늘어서 부위보다도 더 끝에 그리고 수꽃 보다 더욱 늦게 보통 빨간색으로 두 개 정도 생겨나게 된다(그

한국인과 숲의 문화적 어울림

그림 16-2. 같은 소나무의 수꽃과 암꽃

한 소나무에 수꽃과 암꽃이 생겨나지만 같은 개체에서 생겨난 것끼리는 화합하지 않는 경우가 많다.

림 16-1). 송홧가루가 바람에 날려서 암꽃에 수정되기 때문에 소나무는 바람風이라는 중매인이 있는 것으로 생각하면 된다. 이를 다른 말로 풍매화風媒花의 형식을 따른 다고 한다. 이 수정된 암꽃들이 바로 나중에 솔씨를 날리게 되는 중심지인 '솔방울'로 더욱 숙성하는 것이다(그림 16-2). 수정 후에 보통 2년 만에 솔방울은 목화木化되어 그 딱딱한 목재 같은 성질을 가지게 되고 솔씨를 밖으로 퍼뜨리도록 솔방울의 인편을 벌리는 것이다.

인간이 같은 집안의 사람들끼리의 결혼을 금하는 것처럼 소나무도 보통은 같은 나무의 가지에서 생긴 수꽃에서 생긴 송홧가루는 같은 가지에서 생긴 암꽃에 솔씨를 맺히게 하지 않는 편이다. 간혹 같은 나무의 송홧가루와 알세포가 화합(수정)하여도 씨가 형성 되지 않거나 그러한 솔씨의 발아율이 낮아서 동종교배inbreeding가 아주 적게 일어나는 편이다. 이를 '자가불화합성自家不和合性'이라고 한다. 비슷한 유전적 소질을 가진 수꽃과 암꽃이 아니라 다른 다양한 유전적 소질을 가진 다른 그루의 암꽃과 수꽃의 화합이 일어나게 되는 것이다. '유전적 다양성'을 높이는 기제가 이미 소나무종에 내재해 있는 것이다.

송홧가루와 알세포가 수정하여 형성된 솔씨에도 배아(胚芽, embryo)가 있고 영양분이 저장된 배젖도 있다. 염색체의 수를 세어 보면 배아는 소나무의 잎이나 줄기의 보통 세포(체세포)와 같이 이배체(2n)로 24개의 염색체를 가진다. 소나무의 성세포인 송홧가루나 암꽃의 씨방속의 알세포는 체세포의 반수인 반수체(n)로 12

개의 염색체를 가지고 있다. 소나무의 염색체도 인간의 염색체처럼 DNA가 주요 구성 물질이고 유전자가 위치하고 있다. 재미있는 것은 솔씨의 배젖도 반수체로 12개의 염색체를 가진 세포로 구성되어 있다는 것이다.

최근의 첨단 생명과학인 유전체학genomics의 입장에서 소나무를 보자. 소나무의 세포도 유전자의 총체라고 말하는 유전체genome를 가지고 있는 것이다. 거대한 크기의 식물체 나무들 중에서 사시나무 혹은 포플라poplar는 비교적 작은 크기의 유전체를 가지고 있다. 식물에서는 대표적으로 잡초 수준의 크기를 보이는 애기장대Arabidopsis thaliana와 우리의 주식인 쌀Oriza sativa이 그 유전체의 염기서열들이 밝혀져 있다. 포플라의 유전체는 애기장대 유전체의 크기와 비슷한 정도이다. 따라서 인간 유전체 연구사업Human Genome Project과 비슷하게 미국을 중심으로 하는 여러 나라의 협력 연구사업으로 진행되었다. 소나무류는 그 유전체의 반복 서열들이 많아서 현재의 첨단 기술로도 유전체 연구사업을 하기에는 상당히 기술적인 어려움들이 존재한다. 다른 말로 소나무의 유전체학은 도전적인 연구사업인 것이다.

여러 유전체들을 컴퓨터적으로나 여러 방식으로 그 유전자를 비교하고 그 차이를 규명하는 비교유전체학을 통해서 식물세포는 동물세포와는 달리 이차대사물질secondary metabolites을 만들어내는 효소단백질을 암호화하는 유전자들을 특징적으로 가지고 있다는 것을 알게 되었다. 대단히 많은 의약품들이 이러한 이차대사물질중의 하나이거나 이러한 물질들과 비슷한 유기화학품이다. 세포가 일반적으로 생존해 나가는데 필요한 대사물질들은 기초대사물질primary metabolites이라 하는데 이러한 대사물질들은 식물세포에서는 상당히 보편적이다. 반면에 식물이나 나무가 그 존재의 유무有無나 생존에는 별로 상관이 없이 병충해 저항이나 다른 목적으로 만들어 내는 물질이 이차대사물질이다. 아주 흔한 진통제인 아스피린은 화학적인 이름으로는 사리시릭산salicylic acid이다. 버드나무의 라틴어 이름이 살릭스Salix인 것처럼 버드나무에서 추출한 물질이다. 한국산 주목Taxus cuspidata을 포함하는 주목 속의 나무들에서는 탁솔taxol이라는 유방암에 특히 주요한 항암물질을 추출할 수 있는데, 이 물질도 이차대사물질이다. 나무가 나무되게 하는 것은 목질소라고 불리는 리그닌lignin이라는 물질인데, 나무의 세포가 생산해내는 대사물질 중의 하나이다. 아마도 포플라 나무의 유전체 연구사업을 통해서 목화(木化, lignifications) 대사에 필요한 유전자들의 모습과 기능들이 자세히 밝혀 질 것으로 보인다.

솔씨가 땅에 떨어진 후에 발아해서 자라나면 솔잎과 줄기와 뿌리가 생겨나는데 아주 예쁘다. 어린 나무 혹은 유묘幼苗가 몇 년 자라면 줄기가 목화된다. 목질소 같은 물질은 나무 혹은 목본木本 식물에 주로 많이 나타나는 것으로 보면 된다. 지름이 별로 크지 않은 나무를 종단과 횡단으로 잘라서 현미경으로 보면 상하로 늘어선 길이가 긴 세포들을 볼 수 있다. 특히 나무껍질 혹은 수피樹皮에서 가까운 위치에 특수한 층의 세포를 보게 된다. 줄기의 횡

단면에서 보면 이들은 가장 바깥의 원둘레인 나무껍질 층과 같은 중심부를 가지는 동심원을 형성한다. 이들은 '부름켜' 혹은 '형성층形成層'이라고 하는데, 직경생장 — 줄기가 굵어지는 생장 — 의 원인이 되는 지속적으로 세포 분열을 하는 세포원둘레 층인 것이다. 다른 말로 하면 줄기의 직경이 나무의 생존기간 동안 지속적으로 커지는 것이 바로 이들 부름켜의 세포들이 지속적으로 분열하여 안쪽과 바깥쪽으로 새로운 세포를 만들어 내기 때문이다. 줄기의 중심부 안쪽은 가장 깊은 쪽에서 있는 세포들로부터 부름켜 쪽으로 지속적으로 세포 속 물질들은 차츰 없어지고 — 다른 말로 세포벽만 남고 — 죽은 세포덩어리로 된 목재로 변하는 것이다. 줄기를 횡단으로 절단했을 때 보이는 나이테 혹은 연륜年輪은 부름켜가 일 년 동안 한 일이다. 여름에는 직경이 크고 가을에는 작게 되어 나이테가 보이게 되는 것이다.

부름켜에서는 바깥방향(수피 쪽)과 안쪽방향(줄기의 중심부 쪽)의 두 방향으로 세포가 분열하고 증식한다. 수피 쪽에는 사관篩管이 줄기 중심 쪽에는 도관導管이 형성된다. 잎에서 광합성 하여 만든 양분이 움직이는 통로가 사관이고 뿌리에서 흡수한 영양소가 줄기를 통해서 나무의 다른 부위로 옮겨가는 통로가 도관이다. 인간의 생리현상에서 아주 중요한 혈관과 같은 것이 바로 이러한 사관과 도관인 것이다. 뿌리에도 줄기에서와 같은 직경 생장에 필요한 부름켜가 있다.

육종 : 좋은 소나무를 키우자

인간은 오래전부터 소, 말, 그리고 개나 고양이와 같은 동물들을 이전의 야생적 모습에서 인간에게 가깝게 그리고 인간과 밀접하게 상호작용하는 양상으로 만들어 왔다. 이는 밀이나 쌀, 그리고 과일이나 채소 등과 같은 식물들에게도 비슷한 영향을 끼쳐왔다. 정돈하여 말하면 동물에게는 사육飼育에 의한 가축화가 진행되어 왔다는 말이 되고 식물에 있어서는 경작耕作에 의한 작물화가 진행되어 왔다는 말이 된다. 사육과 경작에 개입된 인공적 선택artificial selection은 특정한 모습과 형질을 가진 일부만을 집중적으로 육성하는 과정과 결과를 몰고 온다. 이렇게 특정한 모습과 형질을 가진 생물학적 종의 일부분 — 품종이나 변종이라고 한다 — 을 집중적으로 육성하는 것을 '육종breeding'이라고 한다.

그런데 어떤 소나무가 좋은 나무이기 때문에 그런 소나무를 집중적으로 육성해야 하는가 하는 문제는 조금만 깊이 있게 고려한다면 대답하기가 상당히 어려운 일이라는 것을 곧 깨닫게 된다. 우선 좋은 형질이라고 판단하는 기준이 인간중심적으로 되어 있다. 그런데 인간의 판단기준은 나무가 사는 기간 보다 빠르게 변한다는 데에 문제가 있다. 목재로 이용하기에 유용한 형질들이 오래전부터 가장 좋은 것으로 평가되어 왔다. 줄잡아 100~200년 전부터는 종이를 만드는 펄프가 잘되는 형질 혹은 해충이나 균의 감염에 의한 질병에 잘 걸리지 않는 기준을 선택할 수도 있는 것이다. 미래에는 이런 것들보다도 심미적 가치나 환경적 가치들이 생태계의 중심을 이루는 소나무에게 요구되는 형질일 지도 모른다.

피상적으로 보기에는 소나무라는 하나의 생물학적 종은 그 종에 속하는 개체들이 모두 똑같아 보이고 똑같은 유전적 소질을 가지고 있을 것으로 보이지만 소나무의 개체들은 유전적으로 상당히 큰 규모의 다양성을 보인다. 전 세계적으로 인간이라는 생물학적 종 내의 개인들이 서로 많이 다르게 나타나고 개인별로 다양한 모습과 소질을 보여 주는 것과 같다. 인간이 소나무 개체들의 차이를 제대로 파악할 수 없기 때문에 잘 모르는 것이다.

생물학적 종의 수준으로 살펴보면 만주와 한반도에서 살아온 사람들이 오래 동안 보아왔던 소나무도 몇 가지의 생물학적 종spe-cies이라는 것이 드러난다. 한반도에서 소나무라고 하면 주로 적송赤松 혹은 육송陸松이라고 불리는 종을 뜻한다. 이는 생물학의 보편적인 이름인 라틴어 학명으로는 피누스 덴시플로라Pinus densiflora 이다(그림 16-3). 한반도 전역에 분포하고 만주의 우수리 강가까지 분포되어 있고, 일본의 전역에도 분포한다. 소나무 종들의 바늘잎은 엽속(葉束, fascicle)으로 묶여 있는데, 한국에서 일반적인 소나무는 두 개씩 묶여 있고, 따라서 이엽송二葉松 종류이다.

한반도, 만주, 그리고 일본에는 같은 이엽송으로 아주 비슷하지만 다른 생물종이 존재한다. 이중 하나는 남한과 일본의 해안가에 생육하고 수피가 검은 생물종으로 곰솔海松이라고 한다(그림 16-3). 라틴어 학명으로는 명명자의 이름 툰베르크를 따라서 피누

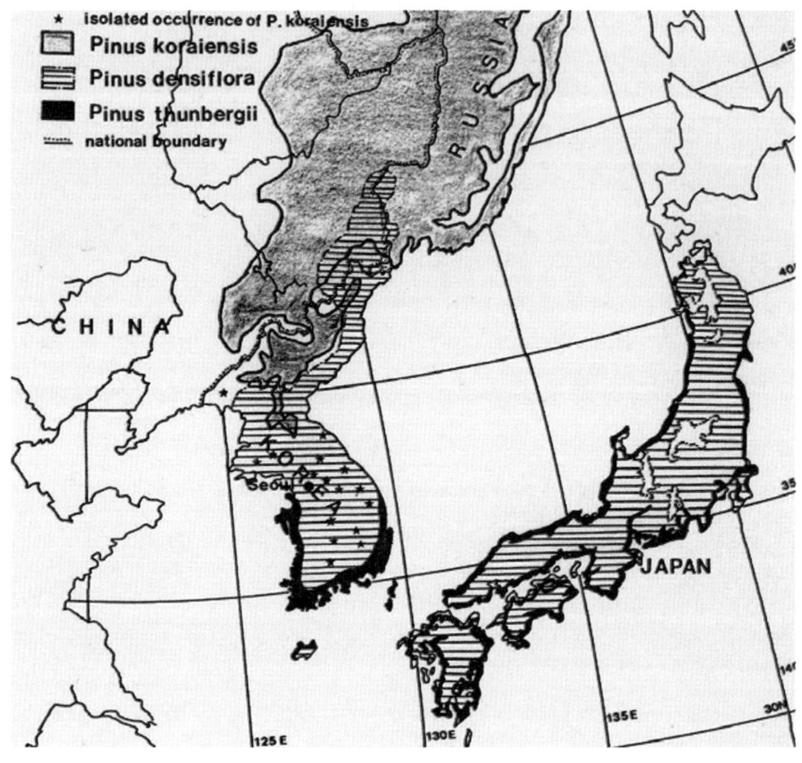

—
그림 16-3. 우리 소나무들의 지리적 분포

우리 소나무들의 경우에는 소나무(Pinus densiflora), 곰솔(Pinus thunbergii)의 경우에는 한반도와 홋카이도를 제외한 일본 열도에 식물지리학적으로 분포한다. 곰솔은 대부분 해안가에 분포하고 해안가에 존재하는 소나무와 분포 지역이 겹친다. 한반도의 전체 자연 경관의 측면에서나 목재 이용의 측면에서 문화에 깊이 뿌리 박혀 있는 나무는 소나무이다. 한국 소나무라는 뜻이 라틴어 학명을 가지는 잣나무(Pinus koraiensis)는 한국의 중부 이북(남부에는 지리산과 같은 고산지대에만 잔존집단으로 남아 있다)에서 만주 동부 전체와 러시아 연해주에 걸쳐 자연적으로 분포한다.
자료출처 : Critchfield and Little, 1966.

스 툰베르기이Pinus thunbergii라고 한다. 곰솔이나 소나무와 비슷하지만 다른 생물종으로 장백송 혹은 미인송이라고 하는데, 백두산 지역과 인근의 만주에 제한적으로 분포한다. 스코틀랜드나 스위

한국인과 숲의 문화적 어울림

스, 독일, 오스트리아, 폴란드, 북구 여러 나라들을 거쳐서 러시아 전역에 분포하는 구주소나무, 라틴어로는 피누스 실베스트리스Pinus sylvestris가 있다. 장백송은 이 구주소나무의 변종으로 알려져 있다.

우리가 흔히 보는 또 다른 바늘잎의 소나무류는 잣나무일 것이다. 이 잣나무는 바늘잎이 5개 묶여서 나오기 때문에 오엽송五葉松 종류라고 한다. 다른 말로 하면 5개의 바늘잎으로 엽속이 이루어져 있다. 이 잣나무는 한국에서는 고산 지대에 그 천연 집단이 남아 있고 현재의 분포는 북한의 대부분의 지역과 연해주와 그 근방의 만주 동부 지역으로 뻗어 있다(그림 16-3). 잣나무는 라틴어 학명에도 한국 소나무라는 의미를 가지고 있다. 곧 피누스 코라이엔시스Pinus koraiensis이다.

이와 같이 적어도 네 가지 생물종이상의 소나무류가 만주와 한반도에서 삶을 영위한 사람들에게 가까이 있었다고 할 수 있다. 한국을 상징하는 동물 중의 하나인 호랑이도 아마 이러한 소나무들이 분포하는 영역 안에서 산림의 제왕으로 군림했을 것이다. 이렇게 소나무들에 대한 생물학적 시각은 70~80여 년 전에 와서야 제대로 형성되었고, 일제강점기 전후에 전 세계적으로 보편적인 라틴어 이름들을 가지게 되었다.

소나무에 대한 체계적인 육종이 남한에서는 1960~1970년대에 본격적으로 시작되었고, 당시에는 임목육종연구소로 독립되어 있었다. 현재는 국립산림과학원 산림유전자원부로 되어 있다.

소나무의 육종을 위해서는 천연 집단들에 대한 조사를 통해서 일단 좋은 형질의 나무들인 수형목(秀形木, plus tree) ― 빼어난 외형을 보인 나무라는 뜻 ― 을 선발 혹은 선택하는 것으로 시작했다. 1960~1970년대에 사용한 수형목 선택의 기준은 자연림에서 주위의 나무들 10개의 평균보다 나무의 키에 있어서는 5% 이상은 크고, 흉고 직경 ― 사람의 가슴 높이인 120cm 정도 되는 높이의 줄기의 직경 ― 이 20% 이상 좋아서 생장生長이 월등하며, 수관樹冠 ― 나무의 잎이 달린 가지들이 펼쳐져 있는 전체 덩어리 ― 이 좁다랗고, 줄기가 곧은 통직성을 보이는 나무 개체들이었다.

수형목들이 유전적인 소질 혹은 생물학적인 소질만 좋아서 혹은 생육 환경만이 좋아서 이렇게 빼어난 외형을 보이는 것은 아닐 것이다. 인간으로 치면 키 큰 사람이 부모에게서 물려받은 유전적 소질도 뛰어 나야지만 그에 못지않게 영양도 충분히 공급되어 환경적으로 우수해야 큰 키의 소유자가 될 수 있는 것과 마찬가지다. 이와 마찬 가지로 장대통직長大統直한 소나무는 유전과 환경의 종합적 상호작용의 산물일 것이다.

그러면 이러한 수형목들에서 '유전적으로' 빼어난 개체들이 어떤 것인 지를 골라내야 한다. 수형목에서 똑같은 유전적 소질을 가진 접목수 클론clone을 만들어 내고 그러한 클론들을 새로운 개체로 육성해 내면 하나의 수형목 개체에서 똑같은 유전적 소질 ― 유전학의 용어로는 유전형genotype ― 을 가진 여러 개체들을 만들 수 있다. 이러한 개체들을 똑같은 환경 속에 두는 일정한 면적의 시설을 '클론보존원'이라고 한다. 클론보존원에 만들어진 집단은 인공교배 등을 위한 육종집단으로서 기능한다. 이에 따라 인공적으로 수정(교배)하도록 만들어 우수한 종자를 얻어내도록 하는 시설은 '채종원(採種園, seed orchard)'이라고 한다. 쉽게 풀이하면 소나무 과수원인 셈이다. 남한에는 강원도 명주와 충남 안면도에 제1세대 채종원 혹은 채종림이 있다. 1969년부터 1980년까지 조성된 특수한 목적의 인공림인 것이다. 또한 여기서 더욱 나아가 실제로 유전적 소질이 우수한 종자가 얻어졌는지를 조사 혹은 검정하는 시설을 만드는데 '차대검정림次代檢定林'이라고 한다. 이렇게 인공교배와 검정을 거친 종자들을 이용하여 특정한 형질이 이전의 원래의 천연집단에서 보다는 개량된 새로운 집단을 조성할 수 있는 것이다.

소나무는 아주 오래 사는 생명체이다. 또한 솔방울도 상당히 오래 동안 열리기 때문에 하나의 소나무 개체가 매년 생산해 내는 솔씨가 가지는 자연적인 '유전적 다양성genetic diversity'도 상당히 클 것으로 볼 수 있다. 수형목의 선발에서부터 채종림과 차대검정림을 통해서 실증된 좋은 소나무를 얻는 것에는 장기적인 안목의 노력과 경제적, 인적 투자가 제대로 잘 지원되어야 성공할 수 있다. 또한 기초생물학적인 연구와 실제의 육종집단을 운영하는 노력이 요구된다. 이러한 장기적인 노력의 사례들은 미국 캘리포니아주에 위치한 산림유전학연구소Institute of Forest Genetics에 모아 둔 전 세계 소나무종을 수집한 소나무 콜렉션이나 노스캐롤라이나주의

로블로리 소나무loblolly pine라는 영어 명칭을 가진 테다소나무 종
—라틴어로는 피누스 테다Pinus taeda—과 몇몇의 다른 소나무들
에 대한 육종 노력들을 들 수 있다. 이러한 노스캐롤라이나주의 전
통적인 소나무 육종에는 집단유전학 및 양적유전학이라고 하는
고도의 지식체계에 전문적인 유전학자들이 필요하다. 독립운동
가인 남궁 억 선생의 손자 한국계 남궁 진(Gene Namgoong, 1934~2002)
박사와 작고한 그의 제자 강현정 박사—전 위스콘신대학교 교수
—가 세계적인 명성을 가지고 있었다. 남궁 진 박사는 산림과학의
노벨상이라고 하는 마르커스 왈렌버그 상을 수상한 경력도 있다.

 또한 포도주로 유명한 프랑스의 보르도 주변의 국립농업과학
연구원(INRA) 소속의 연구단은 유럽 해양소나무Pinus pinastar에 대한
유전, 육종 연구를 진행하고 있다. 유럽 해양소나무는 과거 18세
기 말 프랑스 랑드 지역에 모래무덤이 옮겨 다니는 현상에 의해
서 마을 전체가 하나 뒤덮여 버리는 재난을 막기 위해서 대단위
로 방풍림 및 방사림을 조성하기 위해서 조림한 소나무 종이다.

보전 : 다양성은 제대로 유지되어야 한다

 어떠한 우점종이 있는 숲이라도 그 생태계 전체로서의 가치를
가진다. 천연림으로서 인간이 일부만 선택적으로 베어내고 이용

해 온 숲도 동물, 식물, 미생물의 온갖 생물종을 포함하고 있다. 또한 그 생태계 안에서 진행되고 있는 과정과 상호작용들은 복잡다단한 것이다. 대한민국 안에서 아직도 그 우수한 모습의 소나무숲 생태계뿐만이 아니라 목재로서의 가치를 함께 가지고 있는 지역을 들라고 한다면 태백산맥과 소백산맥의 중간 지대의 양백지방, 곧 강원도 상당부와 경상북도의 북부, 그리고 서해안의 안면도 정도를 들 수 있을 것이다.

한국에 분포하는 소나무들을 일제강점기인 1928년에 일본학자 우에키 호미키植木 秀幹는 위봉형 威鳳形, 안강형安康形, 중남부평지형, 금강형金剛形, 동북형으로 구분하였다(그림 13-4 참조). '조선산적송의 수상樹相 및 개량에 관한 조림학적 고찰'이라는 논문이 그 원전이다. 그 이후에 1960년대에 임목육종연구소에서 우리나라뿐 아니라 국제적으로 유명했던 임목육종가였던 현신규 박사가 이끄는 연구단이 동부산 적송에서 곰솔의 소나무로의 이입교잡종이 발견되는 것으로 결론을 내리고 이 지역의 우수한 소나무를 새로운 품종인 금강소나무로 구분한 우에키 호미키의 분류에 생물학적 근거가 있다고 보았다. 현신규 박사는 이러한 발표를 한 시기에는 임목육종연구소 고문이었다. 그는 아주 빠르게 자라는 속성수의 하나인 '현사시나무'라는 새로운 포플러 잡종수종을 만들어낸 산림유전학자이다. 생명과학적으로 잡종강세hybrid vigor를 가지는 소나무가 금강소나무이고 따라서 별도의 품종으로 보아도 된다는 가설을 제시한 것이었다. 그러나 그 이후에 이 가설에

반하는 반증들이 제접 관찰되었고 이러한 가설은 기각되어야 마땅하다고 하는 산림유전학자들도 제법 있었다. 1993년 당시로서는 최신의 과학적 연구결과에 의한 증거를 토대로 하여 이 가설에 대한 강력한 반증 중의 하나가 제시되었다. 고려대학교 김진수 교수 연구팀의 연구결과로 「금강소나무, 유전적으로 별개의 품종으로 인정될 수 있는가? : 동위효소 분석 결과에 의한 고찰」이라는 논문이다. 소나무 전체를 각각의 별개의 품종이나 변종이니 하는 것으로 구분하기 보다는 소나무 종 전체의 유전적 다양성이 일정하게 존재하는 가운데 금강형으로 표현형phenotype적으로 구분된 소나무가 특별히 인간이 보기에 좋은 형질들을 보일 뿐이라는 해석을 암시하는 것이다. 그러나 결론은 좀 더 많은 실험과 조사 데이터가 있어야 완결될 것이다.

소나무라는 종 전체를 보면 그 분포지역 내에서 인간의 간섭을 포함한 여러 가지 다양한 생태적 교란을 견디면서도 일정한 크기의 질을 가지는 '유전적 다양성genetic diversity'을 가지고 있다. 물론 유한한 양과 질의 유전적 다양성일 것이다. 현재 전 세계에 분포하는 인간이라는 생물종의 외관적 다양성의 토대가 분명히 그 유전자 전체 혹은 유전체의 다양성 속에 있는 것과 같다.

유전적 다양성의 입장에서 보면 소나무의 '육종'은 종 전체의 유전적 다양성의 일부를 이용해서 인간이 목적으로 하는 특정한 유전형을 집중적으로 증대시키는 것이다. 그러나 이러한 육종만을 되풀이 하고 그 나머지를 소홀히 취급한다면 종이 가진 인간적 목적 이외의 유전적 다양성은 소실될 것이 뻔하다. 비슷한 원리는 하나의 종의 수준에서 생태계의 수준으로 확대하면서 떠오르는 '생물학적 종 다양성species diversity'에서도 마찬가지다. 상당한 규모의 생태계들을 보전한다면 그 속에 있는 유한한 생물학적 종의 종류와 각각의 집단들의 규모가 상당히 보전되는 데 이러한 생태계들이 소실된다면 그 속의 생명다양성도 완전히 소실되는 것이다.

이러한 생명다양성biodiversity 보전에 대한 이슈는 환경의 급격한 변화와 인간의 자연 침해의 우려로 인해서 1992년 전후로 국제연합UN에서는 생명다양성 협약, 산림원칙Forest Principles, 어젠다 21(Agenda 21)의 형태로 국제적 협력의 제도로서 정착된 것이다. 한국산의 자생식물이나 멸종위기 동식물 등에 대한 보전을 서두르는 국가프로그램이 국립수목원, 국립산림과학원 및 국립생물자원관 등에 의해서 진행되는 것과 맥락이 같다.

소나무에 국한하여서도 유전자원보전림이 좋은 형질을 가지는 집단들이 발견되는 곳에 지정되어 보전되고 있다(그림 16-4). 아직 부실하고 인력이 부족한 것으로 보이지만 종자보전고seed bank도 마련된 것으로 보인다. 소나무 유전자원 보전림은 '현지 보전in situ con-servation'의 대표적인 사례이다. 이와는 달리 솔씨와 다른 증식원의 형식으로 보전고에 보관하는 것을 '현지외 보전ex situ conservation'이라 하고 자생식물이나 희귀종 보전은 따로 이러한 식물들을 한 곳에 모아서 실내 시설이나 소규모 재배지를 만드는 데 다른 현지 외 보전방법이다.

그림 16-4. 울진 소광리의 유전자원보전림
유전자원으로서의 소나무의 가치는 문화적 및 경관적 가치에 의해서도 지지를 받고 있다.
대한민국 전역에는 유전자원 보전림이, 안면도와 수원등지에는 클론보전시설이 존재한다.
자료제공 : 전영우

한국인과 숲의 문화적 어울림

이러한 생명다양성 및 유전적 다양성의 보전을 목적으로 하는 새로운 스타일 혹은 첨단의 생물학을 '보전생물학conservation biology'이라고 한다. 이 보전생물학은 다학제적 전문성을 요구하는데, 분류학, 유전학, 생태학, 생물지리학, 진화론, 생명공학기술 등의 자연과학과 경제학, 정치학, 법학, 교육학 등의 인문사회과학, 그리고 산림학이나 생물학의 과학사나 환경윤리학과 같은 중간적 학문들이 동시에 교육되어야 하는 융합 학문convergence science으로 정립되고 있다. 문제는 이러한 보전생물학을 전공한 사람들이 체계적으로 길러지는 교육체제가 선진국들과는 달리 한국에는 올바로 마련되어 있지 않고, 관청이나 국립연구원, 회사, 사설 수목원 등에서도 이러한 분야를 창출하려고 하는 의지가 두텁지 못하다. 문제는 이러한 분야를 전공한 공무원들과 전문가들의 부재로 인해서 장기적으로 대한민국의 차세대들에게 물려주어야 할 '생물학적 유산'이 제대로 관리되지 않고 있다는 데에 있다. 인력과 제도의 부족으로 생명다양성 및 유전적 다양성이 급격히 훼손되고 있으며 아주 허술하게 관리되고 있는 것이다.

보전생물학 전공자는 다학제적 교육을 통해서 대한민국의 정부조직이나 정치적 과정에도 익숙한 면이 있어야 하는데, 이는 중앙정부 소속의 관청이나 연구소와 실제로 현지 보전 지역이 있는 지방 자치제의 관청과 연구소 등의 마찰에 대한 갈등조절의 기능도 할 수 있어야 하는 측면이 두드러지기 때문이다. 또한 사회의 다양한 분야와 계층의 사람들과도 조화롭게 섞일 수 있는 인간형으로 길러져야 하는데 주로 대중교육을 선도하고 보전을 통해서 장기적으로 국익에 이바지하는 측면을 설득력 있게 사회 일반에게 주지시킬 줄 아는 지식과 안목과 철학도 있어야 한다.

과학 활동도 문화의 일부다

인간의 삶에 직접적인 편익을 제공하는 재료 혹은 자원은 아주 오랜 과거에서부터 지금까지 인간 활동과 밀접하게 연결되어 있었다. 한반도와 만주를 주요 무대로 생활을 영위한 사람들에게도 오래전부터 지금까지 나무와 숲은 그 틀과 질에 있어서 변화를 겪으면서도 항속적으로 유지하는 가치관을 함유하고 있다. 특히 나무는 농경시대 이전부터 100여 년 전에 시작된 한반도와 만주의 근대화에 이르기까지 인간의 쉼과 보안을 담지해 주는 건축 재료를 이루어 큰 역할을 하였다. 건축물이나 다른 용도로 이용된 자원으로서의 나무 중에 소나무는 아주 큰 비중을 차지한다. 전통건축은 대부분 목조이고 소나무 목재가 주성분이다. 한국의 소나무는 재생 가능한 '생물학적 자원'으로서의 역사적 가치와 문화적 가치를 크게 가지는 것이다. 따라서 소나무는 한국인, 한국문화와 밀접한 관련이 있는 '문화적 생물종cultural bio-species'이다.

소나무는 아직도 '지금 여기'에 자연적 상태로 대한민국의 지표면을 차지하는 아주 중요한 '생물학적 유산'으로의 숲으로 존재한다. 이 뿐만이 아니라 인공적 쓰임새를 만드는 모든 활동의 재료로서의 목재로도 한반도의 사람들에게 가까이 있다. 근대화 과정은 한반도의 사회를 이전의 농업경제중심에서 공업경제중심으로 변화시키면서 소나무의 가치를 자원이라는 핵심적인 효용가치에서 환경적, 문화적 자원이라는 가치가 강조되도록 변화시킨 것으로 보인다.

다른 측면으로 근대화 시기 동안에 수용한 서구적 과학기술은 주로 부국강병이나 경제발전의 도구로서만 인식되었으나 21세기를 넘어 오면서 서구 문화의 정수라는 인식틀로 점차 변화해 가고 있다. 문화적 활동으로서의 과학의 가치가 전면에 부상하면서 생산력과 경제력은 그러한 문화적 활동과 동시에 혹은 부산물로 얻을 수 있다는 인식이 점차 확산되고 있다.

이러한 변화는 산림과학에도 생기는 것으로 보인다. 유전적 변형을 목적으로 하는 육종을 위하거나 경제적 이용을 극대화하기 위한 유전 및 조림과 생태를 연구하는 수목樹木 생물학의 연구에서 나무와 숲의 유전자원을 보전하고 환경적 자원으로 미래의 세대에게 물려주기 위한 유전 및 영림, 생태 연구로 적절히 변화하고 있는 것이다. 생물학적 유산인 문화적 생물종을 문화적 유산과 함께 다음 세대에게 물려주어야 한다는 환경윤리의 논리는 산림과학에서 가장 크게 설득력을 얻는다고 해도 과언이 아니다.

소나무라는 생물학적 유산biological legacy으로 초점을 맞추면 민족적 상징 중의 하나 혹은 민족문화의 한 코드로 자리 잡고 있는 소나무를 대상으로 하는 생명과학과 유전자원의 보전은 대한민국이 21세기를 통하여 실현해야 할 인문 사회적 가치까지를 담보하는 문화적 활동인 것이 드러난다. 소나무 생명과학자들의 기여가 크게 필요한 것이다.

제17장

현대 한국 숲의 문화적 가치와 녹색성장

경제, 환경, 그리고 산림

한국 사회는 100여 년 전 혹은 50년 전의 전 지구적 세계에서 가장 못살고 못 먹고 못 입던 사회경제적 단계에서 시작하여 이제는 그런 대로 잘 살고, 잘 먹고, 잘 입는 단계로 올라와 있다. 물론 대한민국이라는 한반도의 남쪽만을 지리적 경계로 하면 그러하다. 1990년 말의 한국의 경제위기를 거치면서 이전까지 금전적 가치만을 위주로 하던 경제발전 모델에 대한 맹목적 추종에서 벗어나는 한국 사회의 변화가 생겨났다. 다시 2010년대 후반에 닥쳐온 전 세계적 경제 위기를 극복하면서 G20정상회의가 서울에서 개최될 정도로 한국의 국제적 위상은 상당히 높아져 있다. 한국 사회도 국제연합UN이나 여러 국제기구들이 선양하는 전 지구적 가치들에 대한 공헌에 주의를 기울이는 단계에 와 있는 것이다. 한국이 이제까지 공적 원조를 받던 나라에서 공적 원조를 제공하기 시작하는 나라로 전환된 유일한 사례가 된다는 사실은 아주 의미심장하다.

한국은 1960~1970년대부터 경제개발계획과 병행되는 치산녹화계획을 강력하게 수행함으로 인해 환경보전에 성공을 거둔 국가 중의 하나가 되었다. 경제개발과 환경보전은 같이 가야 진정한 번영이 성취된 것을 보여준 사례가 되는 것이다. 도시화가 급속하게 진행된 한국 사회에서 '환경'이라는 말은 1990년대까지만 해도 단지 자동차 매연과 생활 폐수 같은 문제로만 국한되어 있었는데 이제는 그렇게 좁은 시각이 아니라 국토 공간 전체를 보면서 환경이라는 주제를 생각하는 시대가 되었다. 최근 '녹색성장green growth'이라는 새로운 개념이 한국의 정치적, 행정적 화두로 등장하는 배경도 아마 숲이 가진 환경적 상징성 때문인지도 모른다. 산업과 기술에 녹색의 환경적 가치가 들어가 보편적인 상징성을 가지게 된 것은 이러한 변화를 반영한다. 철도, 전철, 버스, 택시와 같은 공공 교통을 이용하면 나무 몇 그루를 심는 것과 같은 이산화탄소 저감효과가 있다고 하는 공공광고가 이런 변화와 맥락을 같이 한다. 산림의 중요성이 환경론의 맥락에서 다시 보이는 것은 이러한 인식틀에서이다.

대한민국은 일제강점기와 한국전쟁을 거치면서 거의 모두 헐벗은 국토를 녹색 숲으로 변화시키는 국가단위의 대규모 조림에 성공하였다. 거시적인 입장에서 살펴보면 헐벗은 민둥산에서 폭우나 태풍 때문에 토사가 유출되는 것을 사방사업과 조림으로 막음으로 쌀을 필두로 한 식량자급을 성취하면서 국토의 65%가 넘는 산지에 숲을 조성한 것이다. 이것은 휴전선 너머의 북한을 비교하면 확연하게 드러나는 사례가 된다. 식량증산을 위해서 산에 다락밭을 일구어 단기적으로는 일정량의 식량을 얻었지만 기후변화를 통해서 나타난 폭우나 태풍으로 인해서 토사가 유출되고 그 유출된 토사가 평지의 농지에도 영향을 끼쳐서 지속적으로 토지의 비옥도가 떨어져 버렸다. 북한의 거듭된 기근은 산에 나무를 심고 관리하는 환경보전에 실패하면서 경제적 성장에도 실패한 전형적인 사례가 된다. 최근까지도 남한에 필요하다고 요청하는 항목 중에 비료가 상당한 양을 차지하는 이유는 산의 토사 유출과 관련된 토지 비옥도의 감소 및 환경조절의 실패를 증명한다.

한국의 국토 녹화 성공의 요인

한국의 거시적 국토 환경보전에서 1960년대 후반부터 시작된 대규모 조림의 성공이 차지하는 역할은 몇 가지 요인들이 기여한 것으로 이야기된다. 첫째로는 1960~1970년대 당대의 조림의 주역이 되는 세대들의 헌신과 노력이 지적된다. 조림 주역 세대는 광릉 국립수목원에 세워진 숲의 명예의 전당에 헌정된 네 사람으로 대표된다. 곧 치산치수를 슬로건으로 내건 당대의 대통령 박정희, 장성의 편백숲을 조성한 조림가 임종국, 전국에서 나무종자를 수집한 김이만, 조림 수종을 개발하고 한국의 산림유전학 및 육종학을 업그레이드 시킨 현신규와 같이 고구려의 무덤 네 벽에 그려진 수호신들에 비유하여 한국 현대 숲의 사신四神이라고 할 수 있을 것이다. 이들이 대표하는 네 가지 분야(정책, 조림, 육종, 학술)가 국토의 녹화에 헌신한 산림공무원, 산림학자 및 국민들과 함께 조림의 성공에 기여한 것이다. 특히 박정희 대통령의 강력한 정책과 행정적 드라이브가 주효했다고 하는 사람들이 많다.

둘째로 전근대 사회에서 취사와 난방의 연료로서 주변 숲의 나무를 이용하던 것에서 연탄과 석유, 천연가스로 전환된 에너지 사용의 변화에서도 대규모 조림 성공의 간접적 요인을 찾을 수 있다. 생활연료나 산업연료가 목재에서 화석연료로 변화되면서 산림생태계에 대한 인간의 간섭이 과거와 달라진 것이다. 인위적 간섭에 의해서 소나무가 우점하던 생태계가 지속적으로 변화되는 현상을 보이는 것도 이러한 한국 사회의 연료사용 행태의 변화에 기인한다.

셋째로 국가적 규모 내지는 전사회적 식수植樹 운동의 의식적, 무의식적 관성은 한국의 전통과 역사 속에 내재해 있었고 그것이 현대에 다시 발현된 것이다. 조선시대에도 국가적 규모 내지는 지역적 규모로 대규모 식수가 여러 차례 있었고 숲의 보전과 이용에 대한 제도와 기술들이 존재하였다. 일제시대에 현대적, 서구적 임학과 임업의 독점적 유입과 함께 격하 및 망각되었지만 1960~1970년대 현대 사회에서 '무의식적으로' 재발현된 것이기도 하다. 특히 기층민의 입장에서 '송계'라고 하는 조선 후기의 산림보전 및 문화 향유 조직이 거론되었다. 그런데 송계뿐만이 아니라 지역 양반층이 주도한 향약, 서원, 혹은 개별 지도층이 조림과 산림보전을 주도한 역사적 사례는 상당히 많다. 조선 후기에는 국가의 소나무숲 보전 정책에 맞게 지방 행정 조직에게 적극적으로 지방민들로 자율적인 송계를 구성할 것을 지방 관리에게 지시한 왕령도 발굴된다. 조선 사회는 왕실, 관청, 양반, 기층민에 이르기까지 전 사회적 계층에서 숲과 함께 관련된 '문화적 경관cultural landscape'을 조성하고 보전하였고 향유하였다. 이러한 역사적 사례들과 그 제도 및 기술들이 최근에 속속 발굴되기 때문에 현대의 대규모 조림도 그 전통적 의식의 관성이 지속된 연속선상에 있다고 해도 무방할 정도이다. 일제시대는 단지 한 30~40년 동안의 전통의 단절로 치부해도 될 정도이다.

숲과 나무의 문화적 가치와 지속가능한 문화경관 보전

숲과 나무라는 자연-문화 복합유산도 사회경제적 발전 단계에 따라서 그 효용성과 가치가 달라지게 되어있는 것 같다. 1960~1970

년대에는 대규모 식수 운동이 정점에 도달해 있었을 때에는 병행하여 실시되고 있던 경제 발전 계획의 목표에 따라서 조림을 하여 경제적인 이익을 창출하는 것을 주요 목표로 하였다. 조림하거나 육종하는 수종도 빨리 자라게 만드는 수종을 중심으로 하였고, 21세기에 들어와서 육종하는 목표인 높은 이산화탄소고정율의 나무와 같은 것은 꿈에도 꿀 수 없는 그런 단계였다. 최근의 분류로 따지면 생산 임업production forestry을 주요 목표로 하여 대규모 식수운동을 벌인 것이었다. 현대 한국의 최고의 독림가 임종국이 장성에 편백숲을 조성한 이유도 경제적 생산을 목표로 하였다. 그러나 지금은 바로 그 숲이 암환자들이 숲속에서 휴양하면서 치유를 하는 문화사회 임업의 현장이 되어 있는 것이다. 지금에 와서 되짚어 보면 무모한 경제개발 도전과도 같은 것이었고 현재와 같이 산림의 토사의 유출을 방지하고 국지적 미소기후를 조절하는 환경적 가치, 곧 생태계의 조절적 서비스를 창출하는 숲의 중요성은 뒷전에 있었다. 서남아시아의 열대림에서 벌채된 펄프재나 가구재와 경제적으로 경쟁할 수 있으리라는 꿈을 꾸고 있었던 것이다. 그리고 그렇게 조림한 숲이 문화적-사회적 목표에 더 많이 이용되리라는 예견은 나올 수도 없었다.

대한민국의 현대를 대표하는 조림지 중에 옛길 대관령 고개 주변의 숲이 있다(그림 17-1). 특수조림지라고도 부르고 지금은 신재생에너지관이 들어가 있으며 풍력발전기 몇 대가 설치되어 있는 부근의 산지가 바로 그것이다(그림 17-2). 그런데 1960~1970년대에

한국인과 숲의 문화적 어울림

조림을 하면서 극복해야 할 과제가 몇 가지 있었는데 하나는 고도가 높고 바람의 속도가 굉장하여 추운데 자라는 전나무나 잣나무 같은 것을 심어도 바람에 모두 쓰러지는 것이었다. 버팀대를 일일이 설치하여 그 난점을 해결하였는데 엄청난 노동력이 요구된 것이다. 사회경제적인 측면에서는 화전민이 많아서 나무를 심어도 불을 놓고 농사를 지어서 쉽게 숲이 조성될 수 없는 그런 척박한 고지대였던 것이다. 다행히 강원도에는 탄광이 붐을 이루고 경제적 발전이 빠르게 진행되던 때라서 화전민의 이주나 정

착이 다른 개발도상국 국가들 보다는 쉽게 해결되었다. 현재 전 세계의 혼합농림업agroforestry을 농촌경제발전의 방법으로 채택한 나라의 가장 큰 문제점은 화전이나 도벌이다.

대관령 특수조림지에 지금은 30~40년생의 전나무, 잣나무가 자라는 푸른 숲으로 덮여 있다. 한국의 대규모 조림 운동의 결과물을 대표하는 것이다. 어떤 유럽의 학자가 생산 임업의 측면에서 보아서 그동안 투자한 것에 맞게 이용효율이 얼마나 되겠느냐

그림 17-3. 대관령자연휴양림의 문화재복원용 소나무 임분

1920년대 말에 소나무 씨를 파종하여 조성할 당시에 종자의 산지(provenance)가 바로 주변 지역이었을 것으로 추정하면 조선시대 왕실의 관곽재인 황장목을 생산하던 지역의 품종을 그대로 사용한 것이 된다. 황장목은 보통 100년 이상을 길러서 지름이 2자 8치 이상(현재의 척도로 80~100cm) 정도의 송판(松板)이 나올 만큼 직경이 큰 소나무 목재였다. 황장목과 금강소나무와 같은 말로 써도 된다.

는 질문을 했다. 서남아시아의 열대림에서 벌채된 목재들이 들어와 한국산 목재를 쓰는 데에 가격 경쟁력이 없다는 전제를 깔고 있는 것이다. 우리의 대답은 한 50년은 더 키워보고는 숲의 이용을 결정해야 할 것이라는 것이다. 적어도 80~90년은 기른 숲을 가지고 그 활용을 생각해 보겠다는 논리이다. 그것이 생산 임업적 이용으로 가든지 아니면 문화사회 임업적 이용으로 가든지는 그때 가봐서 결정할 일인 것이다.

대한민국의 대규모의 조림성공을 대표하는 대관령 특수 조림지를 세계산림과학자 대회(IUFRO 서울 총회)에 참석했던 여러 나라의 산림학자들에게 소개하고 있다. 1970년대에 화전으로 인해서 헐벗었던 곳에 전나무, 잣나무를 비롯한 몇 가지 수종의 어린 나무를 심고 바람에 날려가는 것을 막기 위해서 일일이 특수 장치를 대고 관리했던 각고의 노력을 설명하고 있다.

대관령을 넘어 동쪽 강릉 지역에 1988년 한국에서 최초로 휴양림이라는 문화사회 임업을 주창한 숲이 있다(그림 17-3). 그리고 그 국유림 내부에는 1920년대 말에 조림하여 80~90년 된 소나무숲이 문화재복원용 소나무목재 생산림으로 경영되고 있다는 점은 현대 한국의 숲이 가지고 있는 미래의 효용성을 이야기하고 있다(그림 17-3).

현대 한국의 숲도 역사적으로 유래한 한국의 숲과 함께 문화적 가치를 가지고 있다고 할 수 있다. 한국이라는 국토는 상당부의 산지가 1960~1970년대에 대규모의 식수운동을 통해서 이루어진 문화경관cultural landscape이라 해도 과언이 아니다(그림 17-4). 현대적

한국인과 숲의 문화적 어울림

그림 17-5. 대관령 자연휴양림 소나무숲에서

1920년대에 소나무 씨를 파종하여 80~90년 동안 길러 장대통직한 소나무재를 생산하는 숲으로 가꿀 수 있다는 것을 보여주는 사례로 대관령 휴양림이 세계산림과학자 대회 (IUFRO 서울 총회)에 참석했던 여러 나라의 산림학자들에게 설명되었다.

숲은 그 면적에서 대단위이고 앞으로 100년 이상 보전할 가치를 가지기도 한다. 앞으로 몇 백 년 동안 우리의 후손들이 이를 어떻게 보전하고 이용할 것인가를 결정하게 된다(그림 17-5). 그들에게 어떤 가치관을 심어 줄 것인가는 현 세대의 의무이고 책임이다.

이제 찬찬히 자세히 살펴보니 대한민국은 "높은 인구밀도와 함께 높은 숲 밀도dense population, dense forest"를 가지게 될 것이다. 또한 역사적, 문화적 가치를 가진 숲도 다양하다. 농촌에 존재하는 마을 숲, 당산 숲, 동수洞樹도 전통적 문화경관이다. 2010년 유네스코 세계문화유산으로 지정된 유교적인 하회마을에는 만송정萬松亭이라는 물막이 소나무숲도 있고, 동제를 지내는 느티나무 동수도 마을 중앙에 있다. 한국의 불교사찰이 보유한 사찰림은 세속을 차폐하는 진입공간으로서의 문화적 경관에서 백미를 이룬다. 그 전나무숲이 가지는 아름다움은 참으로 대단하다. 조선의 능원림은 그 면적에 있어서나 문화적 가치에 있어서나 지속적인 산림경영의 역사적인 중요한 모델을 제공하고 있다. 산릉제례와 그 시설이라는 문화적 가치 이외에도 광릉의 '능원림'이 2010년 유네스코 생명다양성 보전지역으로 지정된 것처럼 그 현대 과학적 가치, 생물학적 가치는 대단하다. 앞으로 이러한 숲과 그 관련 문화에 대한 기초 연구가 더욱 활성화 될 것으로 전망된다.

이러한 문화사회 임업을 현대 한국인이 제대로 이해하고, 느끼고, 향유할 수 있도록 만드는 데에는 산림사forest history와 산림문화forest culture가 크게 중요하다. 산림사는 인간이 숲을 조성하고 관리하고 이용한 역사를 다루는 것이라서 주로 과거를 대상으로 한다면 산림문화는 역사적 측면을 이해하면서도 현대 문화 속에서 새로운 문화를 창출하고 향유하는 데에 도움을 준다. 한국의 숲을 지속가능한 산림경영으로 이끄는 데에는 정책적인 요소도 중요하지만 일반 국민들의 나무와 숲 생태계에 대한 이해도, 산림사에 대한 인식, 산림문화의 향유도가 크게 작용한다. 이러한 문화사회적인 요소가 '산림문화탐방'과 같은 서비스업의 발달을 촉진하면서도 전통 문화경관의 지속가능한 보전이라는 목표를 동시에 성취하게 하여야 될 것이다. 문화사회 임업은 숲의 문화

적 생태계 서비스의 도출과 지속가능한 문화경관보전에 기초한
다. 문화적 자본을 기초로 경제적 가치가 전환되어 나오게 만드
는 것은 인간과 숲의 상호작용에서 기원한다. 이탈리아 피렌체
대학의 마우로 아그놀레티 교수에 의하면 유럽연합은 이미 지속
가능한 산림경영sustainable forest management에 문화적 가치를 도입하
는 가이드라인을 마련하였다. 조속한 시간 안에 한국도 일본, 중
국 같은 동북아시아 국가들과 함께 이러한 사례들을 깊이 연구하
고 기준들을 마련하는 조치가 있어야 할 것이다. 아마도 한국 숲
의 녹색성장은 문화사회 임업에서 더 많이 창출될 것 같다.

Cultural
Choreography between
Koreans and Forests
한국인과 숲의 문화적 어울림

전망

호모 실바누스의 현재와 미래

숲에 어울리는 인간, 호모 실바누스Homo sylvanus는 숲이라는 물리적 공간을 복합적인 시스템으로 보는 인간이다. 그는 숲의 복합적인 실체와 상호작용하는 인간이다. 다른 말로 숲과 어울리는 사람이며, 숲에 어울리는 사람이 된다. 숲에서 가장 중요한 것이 바로 땅에 고정된 식물체인 나무라고 생각하는 사고습관을 탈피하여 있는 사람이다. 나무와 풀을 비롯한 식물과 더불어 초식 동물 및 육식 동물, 그리고 곤충과 미생물들에 이르기까지 다양한 생명체가 어울려 모여 있는 전체가 숲이라고 올바로 정의하는 사람이다.

숲의 역사가 있다면 그것은 인간이 제외된 자연물로 이루어진 생태계의 역사를 이야기하는 것이 아니다. 숲의 역사에는 바로 인간이 숲 생태계와 어울려, 혹은 숲 생태계속에서 어떻게 자신들의 삶을 일구어 나왔느냐가 반드시 포함되어야 한다. 이것은 인간의 거주지에 가까운 지역의 숲 일수록 더욱 현저하게 나타나는 현상이다.

숲을 없애 버리고 문명의 발달을 촉진시킨 역사가 인류의 역사라고 주장하면 그 대요는 옳은 주장이다. 예를 들어 현재의 이라크 남부 지역인 메소포타미아와 같은 고대 문명의 발상지를 돌아보면 주변에 있던 숲이 벌채된 채로 사막화 되어 있다. 하지만 다른 이민족에 의해서 문명 발달이 이루어진 지역이 정복을 당하고 원주지에 살던 문명인들이 강제로 다른 지역으로 이주 당하고 남겨진 곳이 오히려 숲이 다시 재생되는 경우도 찾아 볼 수 있다. 주변의 지리적, 기후적 여건에 따라서 다른 경로를 겪는 것이다. 초원화나 사막화의 변경인 지역인 경우는 사막화가 일어나지만 주변이 산림이 많은 광역적 지역에서는 숲의 재생이 일어난다. 따라서 인간 거주지 주변의 숲은 숲의 파괴의 역사를 가지는 경우가 대부분이지만 단순히 숲의 파괴와 연결된 문명의 발달만 있었던 것이 아니다. 문명발달이 정지되면 숲이 재생된 경우도 존재한다는 것은 조심스럽게 기억해야 하는 대목이다. 그리고 여러 가지 목적에 의해서 호모 실바누스 의식이 강화되는 시기나 특정 지역에서는 규모가 작지만 인위적으로 나무를 심어서 숲을 새롭게 만들어 내는 경우도 분명히 있었다. 시간이 지나면서 심은 나무들이 생육하고 풀씨들이 날아와서 자란 특정한 물리적 공간에는 여러 종류의 동물들이 다시 돌아올 수도 있다.

만주와 한반도에서 살았던 고대 사회의 호모 실바누스의 모습은 단군신화에서부터 가장 현저하게 드러나 있다. 단군신화에 등장하는 구성원은 신적 존재들(환인, 환웅), 신시神市의 사람들과 단군, 단군의 아내(서하의 딸), 단군의 아들 부루, 곰, 호랑이, 그리고 신단수神檀樹이다. 숲에 존재하는 특정한 수종의 나무, 포식자 동물들이 등장하고, 거기에 인간과 신적 존재들의 어울림이 녹아들어가 있다.

단군신화는 단순히 '천손天孫 관념'만을 간직한 것은 아니다. 숲과 밀접한 관련성을 가졌던 고대 사회의 모습과 그들의 신앙과 세계관을 반영한다. 신단수라는 모티브는 제사장-군왕으로 해석되는 단군檀君의 정치-종교적 배경이 되어 있다. 단군조선 이후에 만주-한반도에서 살았던 사람들이 숲 생태계와 가졌던 관계는 문피의 나라, 수렵 동물이 풍부했던 지역, 활쏘기와 사냥이 일상을 지배했던 인족들로 나타난다. 아마도 이러한 독특한 유형의 산림문화를 가진 민족이 단군을 시조로 받드는 민족이었다고 보아도 무방할 것이다.

만주-한반도라는 지리적 영역에서 숲이라는 복합 시스템과 인간이 이룬 사회 시스템은 각각의 시대의 문화적 논리에 맞게 상호작용하면서 서로 나름대로 독특하게 어울려 살았다. 중세로 접어들면서 숲의 물리적 비중을 가장 많이 차지하는 나무는 자원적 가치가 굉장히 높아졌다. 정착 농경 문명의 중추적인 자원중의 하나

였다. 중세의 호모 실바누스는 고대 사회의 산림문화적 요소를 나
름대로의 변화를 준 형태로 보전하거나 변용시킨 형태로 보유하
였다. 물론 고대 사회의 산림문화에서는 다른 측면의 상호작용이
수행되었던 시대가 중세 시대이다. 호모 실바누스가 개인적으로
나 집단적으로 숲과 함께 형성한 문화는 만주-한반도라는 특정한
지리 공간 속의 고유한 특성을 보여 주는 귀중한 것이다.

자연·문화 복합 유산에 대한 인식

현재를 살아가는 호모 실바누스는 숲 생태계가 가진 가치를 현
대적 맥락에서 이해한다. 그는 숲 생태계를 인간이 배제된 순수한
자연 시스템으로 보지 않는다. 물론 인간과 자연을 엄격히 구분하
는 시각으로 숲을 보아온 현대 생물학을 부인하지 않는다. 그 보
다는 그런 현대 생물학의 제한성을 넘어서 인간의 활동이 어떠한
양식으로든 들어가 있는 숲 생태계를 그려 볼 줄 안다. 만주-한반
도에는 선사 시대부터 인간이 거주해 왔고, 따라서 그 자연은 인
간의 활동이 들어가 있는 그런 부분들이 많이 있기 때문이다.

그래서 많은 만주-한반도의 숲이 중요한 생태계이면서 자연-
문화 복합 유산이라는 사실을 제대로 안다. 그리고 전통 목재 가
옥을 복원하기 위해서는 최소한 그 목재를 생산할 정도의 숲, 곧

100여 년 이상 보전된 숲이 장기적으로 보전되고 관리되어야 한다는 사실도 인식하고 있다. 또한 왕릉의 능원림, 종묘나 사직의 주위 숲경관, 중세 시대 말기에 보전되었던 봉산封山이나 마을 공동체가 보전했던 마을 숲과 같은 전통 경관을 보전하고 재생시키는 문제를 심각하게 생각한다. 더욱 중요한 것은 인공적인 건축물뿐만이 아니라 주위의 자연 경관이 같이 존재해야 한다는 의식, 곧 이 모두가 복합유산이라는 인식을 가지고 있다. 그리고 복합유산의 복원이라는 주제를 심각하게 생각한다.

고대 사회의 숲 생태계의 복합유산을 예를 들어 보면, 현대 호모 실바누스는 단군신화에 나오는 곰은 한민족의 시조의 어머니에 해당되는 토템이었다고 인정한다. 물론 신화적 입장에서 보면 시조의 아버지 환웅은 신적인 존재이다. 신화시대의 유산으로는 곰이 호랑이 보다는 인간에 더욱 친근감이 있다고 생각한다. 하지만 호랑이는 조선의 민화에서 사람에게 아주 친근하게 다가온다. 시대 별로 그 친근성에서 차이가 난다. 곰이나 호랑이가 자연 유산이면서도 문화적 유산인 이유는 이러한 자연-문화 복합 유산의 개념에서는 낯설지 않다. 이러한 생물종들은 '문화적 생물종cultural bio-species'인 것이다.

호모 실바누스는 소나무Pinus densiflora가 가진 자연-문화유산으로서의 가치와 문화적 생물종임을 제대로 인식한다. 적어도 고려 시대부터 거의 1,000년 이상을 한반도 사람들과 밀접한 상호작용을 해서 많은 문화적 유산들을 남긴 것을 이해한다. 고려시대 보

다 500여 년은 앞선 시기의 대동강 유역의 고구려 고분(진파리 1호
분)에는 현무玄武를 그린 북쪽 벽에 소나무가 멋있게 그려져 있다
는 사실에도 주목할 줄 안다. 대한민국의 국가에서 노래하는 소
나무를 나라의 나무로 지정하자는 움직임이 있다. 소나무는 고려
와 조선의 왕목이었고 또한 조선 사직社稷의 신체를 의미하였던
것 같다. 문화적 생물종인 소나무는 한반도에도 분포하고 홋카이
도를 제외한 일본열도에 존재한다. 하지만 문화적 중요성은 한반
도와 만주 동부에서 더욱 강하게 형성되어 있다. 소나무라는 생

한국인과 숲의 문화적 어울림

물종이 일본에도 분포하지만 일본 문화에는 삼나무와 편백이 더욱 중요한 의미를 가지고 있다. 삼나무와 편백은 일본의 중요한 문화적 생물종인 것이다. 측백나무가 중국의 중요한 문화적 생물종인 것과 마찬가지다. 생물학적인 측면에서는 한반도와 일본 열도가 비슷한 측면을 보이지만 소나무 혹은 아카마츠의 더욱 큰 문화적 중요성은 한반도에 있다. 강원도 삼척의 준경묘 능원림의 소나무숲은 적어도 200여 년생의 소나무들이 조선 왕실의 능원과 함께 존재하는 자연-문화 복합 유산의 사례를 현저하게 보여준다(그림 18-1). 준경묘의 소나무는 광화문 복원에도 일부가 벌채되어 사용되었다. 또한 준경묘 능원림의 특정 소나무 개체는 국립산림과학원 유전자원부에서 속리산 정이품송$_{正二品松}$과 인공교배 시켜서 후대의 소나무를 조성하는 모수$_{母樹}$ 역할을 하였다.

　'단군신화의 신단수가 어떠한 특정한 생물종이었을까?'에 대한 호기심으로 이끌리는 것은 자연스럽다. 평양 지역, 혹은 요동지역, 혹은 요서 지역 중에서 단군이 활동했던 지역을 선택한다면 단나무 혹은 신단수는 어떤 생물종이었을까? 단나무는 광범위한 세 지역을 모두 포괄하는 광범위한 지역에 분포 했을까?

동북아시아, 유럽, 아프리카의 호모 실바누스

만주와 한반도의 호모 실바누스는 중원이나 일본의 호모 실바 누스와 함께 동북아시아의 문화라는 제한적인 보편성을 가지고 있다. 서로 관련성을 가지고 있지만 서로가 차이가 난다. 만주는 서북부 지역에서 농목경계선이 북동에서 서남방향으로 지나가 기 때문에 서북지역과 몽골 고원 지역은 초원의 유목문화의 경향 이 농후하지만 그 동쪽 지역은 평원이고 더욱 동남쪽으로는 산림 이 많은 지역이다. 한반도도 산지의 비율이 높은 지역이지만 정 착 농경문화가 발달되었다. 하지만 중원의 대단위 평원 농경과 는 차이를 가지고 있다. 만주-한반도에서는 이렇게 유목적인 요 소와 정착적인 요소가 융합되어 있는 경우가 많다. 중원의 정착 농경문화를 스펙트럼의 한쪽 끝에 위치시키고, 동북아시아 북부 의 초원 유목 문화를 다른 쪽에 위치시키는 이분법의 영향이 지 배했던 과거에는 만주-한반도에서 일어났던 문명을 대부분 정착 농경문화의 모델에 맞추는 경향이 짙었다. 그런데 그 모델에 맞 지 않는 요소들이 지속적으로 드러나고 있고, 산림문화에서는 중 원식의 정착 농경문화 모델로는 설명되지 않는 부분들이 두드러 진다. 따라서 농경정착과 초원유목의 이분법을 넘어서서 삼분법 적인 시각으로 동북아시아의 역사와 문화를 보기도 한다. 만주 지역에서 일어난 정복 왕조는 산림-초원 융합의 제3의 문명으로 인식하여 오환에서 선비족 및 모용 연燕과 탁발 위魏, 거란. 금나라에 이르는 인족과 국가들의 성격을 살펴보기도 한다.

물론 초원 유목 사회의 호모 실바누스도 존재했다. 그 상호작용이 독특한 측면이 있다. 호모 실바누스의 시각에서 보아 흉노, 돌궐, 위구르, 몽골, 준가르 등의 초원 유목민들에게도 성스러운 산에 대한 신앙이 있었다. 현재 수피가 흰 자작나무에 대한 샤머니즘은 몽골의 북부 바이칼호 주변의 부리야트족에게서도 발견된다. 초원 생태계의 늑대 부르테 치노와 산림의 사슴 코아이 마랄에 대한 신화는 몽골의 기원 신화에 등장한다. 몽골의 시조는 늑대와 사슴을 아버지와 어머니로 둔 시조로부터 시작했다는 것이다. 물론 초원의 호모 실바누스는 만주의 산림 초원 문명 보다는 그 숲 생태계와의 상호작용은 크지 않다. 중원의 농경 문명은 고대 사회에서는 만주와 한반도의 산림문화와의 차이가 그리 크지 않다가 지속적으로 고유의 방향으로 분화되어 간 것으로 보인다.

유럽과 서구에서 숲이 존재하는 지역의 여러 시대에 그들 고유의 호모 실바누스는 숲 생태계와 상호작용을 하였다. 물론 아직까지 호모 실바누스의 시각에서 통시적으로나 지역적으로 현재의 한국처럼 천착되거나 발굴되거나 하지 않았다고 하는 것이 좋을 것이다. 현대 산림학의 근간은 독일에서 형성된 것인데 숲을 과학적으로 관리하는 방향으로 여러 학문 분과의 전문가들이 숲의 조성, 관리, 목재 생산 경제에 대해서 집중적으로 연구하고 제도화하면서 체계를 잡았다. 이들은 독일의 호모 실바누스라고 하지 않을 수 없다. 독일의 모델은 프랑스에서나 다른 유럽의 국가들에서 나름대로의 변형과 지역적 특색을 가지면서 발달하였다. 현대 사회에서 생명다양성에 대한 인식을 만들어 내는 서구 과학과 생태 운동을 바라보면 호모 실바누스의 전통이 지속적인 변화와 변용을 낳았다는 것을 알 수 있다. 예를 들어 프랑스 파리의 교외에 존재하는 퐁텐블로 숲을 1830년대의 도시민들이 향유할 수 있도록 만든 클로드 프랑수아 드네쿠르와 같은 경우는 프랑스의 근대 호모 실바누스에 해당한다. 미국은 건국 초기에 독일과 프랑스의 산림학을 수용하면서 아메리카 원주민들이 차지하였던 넓은 땅의 숲을 관리하기 시작하였다. 환경에 대한 문제의식이 생겨나는 데에는 현대 생물학자이면서도 대중적 글쓰기를 시행한 『침묵의 봄』의 저자 레이첼 카슨의 공헌이 크다. 그러나 다른 축에서 보아 환경윤리를 이야기하면 예일대의 산림대학원 출신의 알도 레오폴드를 대부로 본다. 알도 레오폴드는 숲을 포함한 자연과 친밀하게 상호작용하는 현대적 방식을 정초한 호모 실바누스로 기억된다. 캐나다의 유전학자이면서 환경운동가이며 방송인이라고 할 수 있는 일본계 캐나다인 데이비드 스즈키는 여러 저작을 발표하였는데 그중에 캐나다와 미국에 걸친 북아메리카 서부에서 분포하는 미송Douglas fir을 대상으로 『나무와 숲의 연대기 Tree : A Life History』라는 책을 써서 현대 북아메리카의 일반 건축에 사용되는 목재중의 상당부를 차지하는 나무를 생물학적으로 생태학적으로 그려내고 있다.

아프리카 대륙은 그냥 미개한 지역으로 그려지는 것이 사실이다. 그러나 그것은 검은 피부를 가진 사람들이 유라시아의 사람들보다 중세와 현대에 와서 문명의 발달에서 소외되어 있었기 때문에 원시성을 보인 것에 불과한 것이다. 인류학, 인간유전학, 언어학의 발달은 아프리카 대륙의 인족들에 대한 연구를 발달하게 하였고, 고대 문명에 대한 고고학적 발굴도 진행되었다. 콩고 강 하류 지역에 가까운 지역에서 기원한 반투족이라는 고대 족속이 중아아프리카의 열대 우림을 없애면서 농경을 발달시켰고, 지속적으로 중부를 횡단하여 거쳐서 남부로까지 이주하였다는 결과들이 나타나고 있다. 기원전 10세기에 이미 철제 농기구를 사용할 정도였던 그들은 농경의 발달과 인구의 증가로 인해서 지속적인 이주를 했다는 것이다. 반투족과 열대 우림의 상호작용은 굉장히 큰 규모였을 것이다. 열대 우림과의 상호작용은 서남아시아와 중앙아메리카 여러 지역의 호모 실바누스에게서도 발견되는 현상이다. 현대 아프리카의 호모 실바누스를 예로 들어 보라고 한다면 케냐의 숲을 조성하고 보전하는 그린벨트 운동을 풀뿌리 시민운동으로 연결시킨 왕가리 마타이 박사가 있는데 그녀는 2004년 노벨평화상을 수상하였다.

한국 호모 실바누스의 중요성

숲을 조성하고 관리하고 목재를 생산하는 작업이나 산업이 서구적인 현대 임업이었다. 유럽의 산림학의 근간도 바로 이러한 작업이나 산업을 어떻게 효율적으로 수행할 것인가에 대한 대답에서 비롯되었다. 지속가능성sustainability의 개념도 목재를 생산하면서 시기에 따라서 일정량을 어떻게 사용하면 장기간에 최대의 수익을 얻을 수 있을까라는 생산 임업의 관점에서 태어난 것으로 보아도 된다. 그런데 그 배경에는 인간이 배제된 숲 생태계라는 현대 과학, 곧 생물학적 관점이 존재한다.

숲 생태계의 밖에서 냉철한 이성으로 지켜보는 경제인Homo eco-nomicus은 나무 집단이 어린 연령에서 성숙 연령까지 자라는 것을 관리하면서 적절한 시기에 경제자원으로서 목재를 냉정하게 벌채하여 수익을 얻는 인간형이다. 인간의 활동은 경제적인 목적으로 나무를 심고, 기르고, 간벌하고, 벌채하는 것이다. 현대 서구 산림학이 전제하고 있는 인간은 이러한 인간형이었다.

호모 실바누스는 숲 생태계 밖의 도시에서 살고 있다. 하지만 호모 실바누스는 숲 생태계속에 자주 들어가고 심지어 도시 속에도 작은 규모나마 숲 생태계나 그 비슷한 것들을 창출하려는 의지를 가지기도 한다. 최근 전 지구적으로 인기가 있는 도시숲에 대한 연구는 이러한 경향을 반영한다. 더욱이 호모 실바누스가 전제하는 숲 생태계 속에는 인간의 경제적 활동과 함께 인간의

그림 18-2. 현대 산림문화

숲은 음악, 춤, 노래, 시와 그림에 영감을 제공한다. 과거의 동양과 서양의 많은 지역에서 자연물과 상호작용하여 나타난 문학과 예술 작품들이 존재한다. 그중에 숲과 나무가 차지하는 비중도 높다. 현대의 문화 속에도 이러한 경향은 새로운 양식을 가지고 드러나기도 한다. 한국 전통 악기인 가야금으로 연주하는 창작곡 '숲'을 작곡한 황병기 선생의 연주가 바로 그러한 측면을 보여주는 좋은 경우이다(위). 세계산림과학자 대회 (IUFRO 서울 총회) 기간에는 IUFRO Working Party 6.07.03이 주최했던 산림 문화예술 공연과 함께 학술대회가 개최하였다(아래).

문화적 활동이 들어가 있다. 경제인의 지속가능성에 그치지 않고 그 숲 생태계와 어울리는 현대적 문화를 만들어 내고 향유하는 것까지를 포함한다.

이렇게 숲을 적절하게 향유하는 문화를 선구적으로 만들어 가게 된 것은 현대 한국인이 많이 앞선 것은 아닌가 생각한다(그림 18-2). 현대 한국에는 예약을 하지 않으면 이용을 하지 못할 정도의 휴양림이 전국에 설치되어 운영되고 있다. 휴양림 제1호는 대관령 휴양림인데, 문화재 복원용 목재를 생산하기도 한다. 그런데 한국의 휴양림은 일본에서 산림욕의 개념과 함께 휴양림이 생겨난 것과는 20~30년 정도의 격차를 보인다. 산림욕의 개념을 넘어서 산림치유에 대한 개념이 최근 한국 사회에 알려 졌다. 피톤치드가 많이 나오는 숲에 — 예를 들어 편백숲 — 오래 있고 건강식과 운동을 곁들이면 암이 치유되는 비율이 높다는 것이 많이 회자 되었다. 그런데 산림치유의 개념과 제도들은 유럽과 일본에서 시작된 것이 최근이 아니고 제법 오래되었다.

그런데 무리를 지어 숲으로 들어가서 시를 낭송하고, 그림을 그리고, 춤과 노래를 하는 공연을 하고, 숲의 꽃과 풀과 나무를 배우는 통합적인 문화를 일구기 시작한 것은 한국이 가장 두드러지게 한 것이다. 숲 생태계 향유의 문화가 이렇게 발달하는 것은 이유가 있다. 숲 향유문화의 유구한 전통이 내재해 있어서 인 것 같다. 현대적 개념으로 풀이하면 숲 생태계의 문화적 서비스를 가장 많이 창출해 왔던 내력이 한국인에게 존재하는 것 같다. 역사

그림 18-3. 마을 소나무숲

소나무 마을 숲이 있는 포항의 덕동 마을을 그림. 이호신 화백의 작품.

적으로 시간을 거슬러 올라가 보면, 무리를 지어 만주와 한반도의 명산대천을 찾아다니면서 숲 생태계와 상호작용하던 고대 사회의 구성원들과 중세 사회의 구성원들을 만난다. 고구려의 조의와 신라의 화랑이 그러한 예들 중의 하나가 아닌가!

호모 실바누스는 최근까지의 숲 생태계의 경제적 가치 위주의 활동과는 차원이 다른 인간의 활동을 중요하게 여긴다. 호모 실바누스는 나무를 심고, 기르고, 간벌하고, 숲을 관리하는 것이 목재 생산만을 위한 것이 아니다. 이산화탄소를 저감시키고 산소를 발생시키려는 환경적 가치, 전통 목재 가옥의 보전을 위해서 문화재용 목재를 생산하거나 지역 공동체의 민속 문화를 보전하

그림 18-4. 마을 공동체에게 중요한 신령한 마을 숲

강원도 원주시 신림면에 위치하는 성황림은 천연기념물 93호로 지정되어 보호되는 성스러운
숲(sacred forest)이다. 원주의 치악산 국립공원의 남부에 속한다. 민속 신앙의 당집인 성황당이
숲의 중간에 위치하고 있기 때문에 성황림이라고 한다. 성황림 주위의 마을에서는 이 숲을 마을
공동체가 보호하기 때문에 마을의 구성원들을 보호한다는 믿음을 지속적으로 유지해 왔다.

그림 18-5. 씨족 마을의 공동 소유인 마을 숲

경기도 이천 백사면의 내하 마을에 위치하는 마을 숲은 풍수지리적인 개념의 비보의 개념으로
마을의 입구를 막도록 조성된 숲이다. 내하 마을은 풍천 임씨의 입향조 시조가 이곳으로
이주하면서 처음으로 숲을 만들었다고 한다.

거나, 숲에서 시를 쓰거나, 문학, 음악, 미술 창작의 영감을 얻는 인간의 문화 활동을 선양하는 문화적 가치(그림 18-3)와 함께 최근에는 생태맹이 된 도시인들에게 자연을 교육하는 터전을 제공하는 교육적 가치, 숲에서 심리적 건강과 신체적 건강을 얻으려는 건강적 가치를 얻으려 한다. 왕실이 보전한 능원림과 함께 지역 공동체가 보전한 마을 숲은 이렇게 생명다양성의 가치와 함께 문화적 가치를 가지고, 거기에 전통 문화 경관landscape을 구성하는 것이다. 거기에 기층민에게 민속으로 전승되어 오는 공동체적 삶이 마을 숲에 존재한다(그림 18-4, 18-5). 한국의 마을 숲, 중국의 풍수림과 일본의 사토야마里山는 비슷하면서도 다른 어떤 것으로 가지고 있다.

경제적인 지속가능성을 포함하는 '문화적 지속가능성cultural sustainability'의 개념은 호모 실바누스의 현재의 필요와 미래의 비전을 담고 있는 것이다. 이러한 현재의 필요와 미래의 비전은 과거를 탐구하는 시각에도 영향을 끼쳐서 만주와 한반도의 고대 사회와 중세 사회의 호모 실바누스의 양상을 발굴하고 새롭게 하려는 욕구를 만들어 낸다. 문화적 지속가능성을 모색하는 것이 중요하기 때문이다. 문화적 지속가능성에 대한 욕구를 채우는 하나의 조그만 기여가 이 책일 것이다. 그러나 아직도 발굴을 기다리고 있는 만주와 한반도의 산림 문화는 많다. 또한 시간 축에서나 지리적 축에서 그 범위를 확대하면 만주와 한반도의 호모 실바누스는 동북아시아에서 어떤 위상을 가지고 있는가에 대한 물음이 생긴다.

또한 아시아의 다른 지역, 유럽, 아메리카, 아프리카의 호모 실바누스의 양상과 어떻게 다른가가 궁금해진다. 미래에 이렇게 발굴되고 비교된 호모 실바누스는 무엇이 한국적인가를 새롭게 바라보는 그림을 이 책에서 보다 더욱 자세히 그려 줄 것으로 믿는다.

제1장_ 왕목 소나무 문화 : 한국의 문화유산

『중국정사조선전』 I (「사기」, 「한서」, 「후한서」, 「삼국지 위서」, 「진(晉)서」,
　　「송서」, 「남제서」, 「량서」, 「위서」, 「주서」), 국사편찬위원회, 1999.

김무진, 「고려 사회의 산림관과 산림정책」, 『산림 』, 2009. 5.

이정호·전영우, 「근세조선의 왕목 : 사직수, 문화사회적 임업, 그리고 문화적
　　지속가능성」, 『한국임학회지』 98, 2009.

Yi. C. H., "Cultural bio-species as the connectivity between forest life science and
　　forest cultural studies", *Proceedings of the Annual Meeting of Korean Forest Society*,
　　Korea Forest Society , 2007.

제2장 수목 신앙에서 비롯된 단군조선의 정통성

이승휴 , 김경수 역주, 『제왕운기(帝王韻記)』, 역락, 1999.

일연, 최호 역주, 『삼국유사(三國遺事)』, 홍신문화사, 1991.

『중국정사조선전』 II (남사, 북사, 수서, 구당서, 신당서), 국사편찬위원회, 1999.

김정배, 「동북아 비파형동검 문화에 대한 종합적 연구」, 『국사관논총』 88, 2000.

쟈크 브로스 , 주향은 역, 『나무의 신화』, 이학사, 1998.

서영수·이청규·하문식·박준형·박선미, 『고조선의 역사를 찾아서』, 학연문
　　화사, 2007.

이덕일, 『살아있는 한국사 1 : 단군조선에서 후삼국까지』, 휴머니스트, 2003.

이정호, 「단군 기사의 신단수를 그린 고구려의 화인들」, 『숲과 문화』 15(5), 2006.

진교훈·신원섭 편, 「한국 민간 신앙에 나타난 자연」, 『숲과 종교』, 수문출판사, 1999.

Yi. C. H., "Sylvanic trees institutionalized in the ancient Northeast Asia : Cultural and environmental significance of Dan-tree and Sa-tree", *Forestry Policy and Economics* 22, 2012.

제3장_ 조선의 국가 제사 속에 숨어있는 수목숭배

『조선왕조실록』, 국사편찬위원회(www.sillok.history.go.kr).

공자, 김용옥 역주, 『도올 논어(論語)』, 통나무, 2000.

『중국정사조선전』 II(「남사」, 「북사」, 「수서」, 구당서, 신당서), 국사편찬위원회, 1999.

김부식, 이재호 역, 『삼국사기(三國史記)』, 솔, 1997.

금장태, 『유교사상과 종교적 세계』, 한국정보학술정보, 2004.

변영섭, 「동아시아의 미술가 : 진경산수화의 대가 정선」, 『미술사 논단』 5, 1997.

이정호·전영우, 「근세조선의 왕목 : 사직수, 문화사회적 임업, 그리고 문화적 지속가능성」, 『한국임학회지』 98, 2009.

정경희, 「한국의 제천 전통에서 바라본 정조대 제천 기능의 회복」, 『조선시대사학보』 34, 2005.

최광식, 『한국 고대의 토착신앙과 불교』, 고려대 출판부, 2007.

한영우, 『조선왕조 의궤(儀軌) : 국가의례와 그 기록』, 일지사, 2005.

한형주, 『조선 초기 국가 제례 연구』, 일조각, 2002.

Yi. C. H., "Sylvanic trees institutionalized in the ancient Northeast Asia : Cultural and environmental significance of Dan-tree and Sa-tree", *Forestry Policy and Economics* 22, 2012.

제4장_ 송하유물(松下遺物)과 계루, 동모산의 소나무

김부식, 이재호 역, 『삼국사기(三國史記)』, 솔, 1997.

『중국정사조선전』 I (「사기」, 「한서」, 「후한서」, 「삼국지 위서」, 「진(晉)서」,
　　　　「송서」, 「남제서」, 「량서」, 「위서」, 「주서」), 국사편찬위원회, 1999.

『중국정사조선전』 II(남사, 북사, 수서, 구당서, 신당서), 국사편찬위원회, 1999.

N. T. Mirov, *The Genus Pinus*, Ronald Press, 1967.

W. B. Critchfield · E. L. Jr Little, *Geographic distribution of the pines of the world*,
　　　　Washington D.C. : USDA Forest Service, 1966.

Yi. C. H., "Koguryo civilization sustained by forest culture in the northern Korean
　　　　peninsula and Manchuria", In : J. Parrotta · M. Agnoletti · E. Johan(eds.),
　　　　*Cultural Heritage and Sustainable Forest Management : The Role of Traditional
　　　　Knowldege*, Italy : Proceedings of the conference, 2006.

제5장_ 『시경(詩經)』에 그려진 한(韓), 산림동물, 그리고 후조선

공자, 김경수 역주, 『시경(詩經)』, 역락, 1999.

사마천, 정범진 외역, 『사기(史記)』, 까치, 1994.

관중, 김필수 · 고태혁 · 장승구 · 신창호 역, 『관자(管子)』, 소나무, 2006.

이덕일, 『살아있는 한국사』 3, 휴머니스트, 2003.

김정배, 「한(韓)민족의 형성과정과 고고학적 분석」, 『백산학보』 47, 1996.

김한규, 『요동사(遼東史)』, 문학과지성사, 2004.

웨난, 심규호 · 유소영 역, 『하상주단대공정』, 일빛, 2005.

제6장_ 호랑이로 보는 한국의 부여 전통

김부식, 이재호 역, 『삼국사기(三國史記)』, 솔, 1997.

『중국정사조선전』 I(「사기」, 「한서」, 「후한서」, 「삼국지 위서」, 「진(晉)서」, 「송서』, 『남제서』, 『량서』, 『위서』, 『주서』), 국사편찬위원회, 1999.

『고조선, 단군, 부여』, 고구려연구재단, 2004.
신원섭 편, 『숲과 종교』, 수문출판사, 1999.
Yi. C. H., "Cultural bio-species as the connectivity between forest life science and forest cultural studies", *Proceedings of the Annual Meeting of Korean Forest Society*, Korea Forest Society, 2007.

제7장_ 맥궁과 동이 : 예맥조선의 수렵 문화

사마천, 정범진 외역, 『사기(史記)』, 까치, 1994.
『중국정사조선전』 I(『사기』, 『한서』, 『후한서』, 『삼국지 위서』, 『진(晉)서』, 『송서』, 『남제서』, 『량서』, 『위서』, 『주서』), 국사편찬위원회, 1999.

김정배, 「동북아 비파형동검 문화에 대한 종합적 연구」, 『국사관논총』 88, 2000.
귀다순 · 장싱더, 김정열 역, 『동북문화와 유연문명』, 동북아역사재단, 2008.
박준형, 「고조선의 대외 교역과 의미 : 춘추 제(齊)와의 교역을 중심으로」, 『북방사논총』 2, 고구려연구재단, 2004.
박준형, 「고조선의 해상 교역로와 래이(萊夷)」, 『북방사논총』 10, 고구려연구재단, 2006.
오강원, 『비파형동검 문화와 요령지역의 청동기 문화』, 청계, 2006.
웨난, 심규호 · 유소영 역, 『하상주단대공정』, 일빛, 2005.

제8장_ 고대 중세의 숲과 에너지원의 채취, 그리고 한국의 온돌 문화

『중국정사조선전』 II(남사, 북사, 수서, 구당서, 신당서), 국사편찬위원회, 1999.

김무진, 「고려 사회의 전시과(田柴科)와 산림」, 『산림』, 2009. 7.
김준봉 · 리신호, 『온돌, 그 찬란한 구들문화』, 청홍, 2006.

 한국인과 숲의 문화적 어울림

송기호, 『한국 고대의 온돌 : 북옥저, 고구려, 발해』, 서울대 출판부, 2006.
배재수 · 이기봉, 「해방이후 가정용 연료재의 대체가 산림녹화에 미친 영향」,
　　　『한국임학회지』 95(1), 2006.
이호철 · 박근필, 「19세기 초 조선의 기후변동과 농업위기」, 『조선시대사학보』
　　　2, 1997.

제9장_ 조선의 수백 년 거대목 숲 경영

『조선왕조실록』, 국사편찬위원회(www.sillok.history.go.kr).

금장태, 『유교사상과 종교적 세계』, 한국정보학술정보, 2004.
김영진, 『농수산 고문헌 비요』, 한국농촌경제연구소, 1982.
배재수 · 김선경 · 이기봉 · 주린원, 『조선 후기 산림정책사』, 국립산림과학
　　　원(임업연구원), 2002.
신원섭 편, 『숲과 종교』, 수문출판사, 1999.
이덕일, 『살아있는 한국사』 3, 휴머니스트, 2003.
이선 · 김영모, 「조선시대 능역 공간의 식재 및 관리사실에 관한 연구 : 서오릉을
　　　중심으로」, 『한국전통조경학회지』 22(1), 2004.
진교훈, 「한국 민간 신앙에 나타난 자연」, 신원섭 편, 『숲과 종교』, 수문출판사,
　　　1999.
한형주, 『조선 초기 국가 제례 연구』, 일조각, 2002.

제10장_ 숲의 뱃노래와 건강노래

국사편찬위원회, 『조선왕조실록』(www.sillok.history.go.kr).

고려대 자연환경보전연구소, 『우량 안면 소나무림 보존 기초 용역조사 보고서』,
　　　한국수목보호연구회, 2000.
김재근, 『배의 역사』, 서울대 출판부, 1980.

김훈, 『칼의 노래』 1 · 2, 생각의나무, 2001.

모리모토 카네히사 · 미야자키 요시후미 · 히라노 히데끼 외, 산림치유포럼 역, 『산림치유』, 전나무숲, 2009.

신원섭, 『숲으로 떠나는 건강 여행』, 지성사, 2007.

존 펄린, 송명규 역, 『숲의 서사시(*A Forest Journey*)』, 따님, 2002.

Millenium Ecosystem Assessment, *Ecosystem and Human Well-being*, Washington D.C : Island Press, 2005.

Totman C., *The Green Archipelago : Forestry in Pre-Industrial Japan*, Ohio University Press, 1998.

제11장_ 조선의 능원림과 문화의 현대화

이선 · 김영모, 「조선시대 능역 공간의 식재 및 관리사실에 관한 연구 : 서오릉을 중심으로」, 『한국전통조경학회지』 22(1), 2004.

이정호, 「현대적 황실 문화와 인문 : 자연 유산의 보전」, 『이화(李花)(전주이씨 대동종약원회보)』 213, 2009.

이창환, 「조선 왕릉의 경관미 : 신의 정원, 조선 왕릉에 가다」, 『이화(李花)(전주 이씨대동종약원회보)』 217, 2009.

이혜은, 「조선 왕릉의 세계 유산 등재의의」, 『이화(李花)(전주이씨대동종약원 회보)』 217, 2009.

장영춘, 『왕릉 풍수와 조선의 역사』, 대원사, 2000.

최광식, 『한국고대의 토착신앙과 불교』, 고려대 출판부, 2007.

Yi. C. H., "The neugwon forests of Joseon dynasty : Yesterday's Confucian practice and modern cultural and biodiversity values", In : Yi. C. H. · Chun. Y. W. (eds.), *Proceedings of Cultural Forestry and Forest Culture 2010*, IUFRO Working Party 6.07.03(Forest Culture and Cultural Forestry), 2010.

제12장_ 130여 년의 재정비 : 17~18세기 조선의 문화사회 임업과 생산 임업

김무진, 「조선 전기 도성 사산(四山) 관리에 관한 연구」, 『한국학논집』 40, 계명대학교, 2010.

박영준·변우혁, 「조선 초기 수렵문화에 관한 연구 : 이조실록을 중심으로」, 『산림경제연구』 2(1), 1994.

배재수, 「조선 후기 송정의 체계와 변천 과정」, 『산림경제연구』 10(2), 2002.

배재수·김선경·이기봉·주린원, 『조선 후기 산림정책사』, 국립산림과학원(임업연구원), 2002.

이정호, 「건지산과 조경단 : 녹색 성장시대의 자연문화 복합 유산이다」, 『이화(李花)(전주이씨대동종약원회보)』 215, 2009.

이정호·전영우, 「근세조선의 왕목 : 사직수, 문화사회적 임업, 그리고 문화적 지속가능성」, 『한국임학회지』 98, 2009.

전영우, 「조선시대의 소나무 시책 : 송정 또는 송금」, 『숲과 문화』 2(1), 1993.

______, 『우리가 정말 알아야 할 우리 소나무』, 현암사, 2004.

존 펄린, 송명규 역, 『숲의 서사시(*A Forest Journey*)』, 따님, 2002.

제13장_ 황장소나무와 금강소나무의 문화적 관계

박봉우, 「소나무, 황장목, 황장금표」, 『숲과 문화』 1(2), 1992.

______, 「황장금표에 대한 고찰」, 『한국임학회지』 85(3), 1996.

배재수·김선경·이기봉·주린원, 『조선 후기 산림정책사』, 국립산림과학원(임업연구원), 2002.

Hong. Y. P.·Kwon. H. Y.·Kim. I. S., "I-SSR markers revealed inconsistent phylogeographic patterns among populations of Japanese red pine", *Silvae Genetica* 56(1), 2007.

제14장_ 숲생태계가 주는 문화적 서비스

이정호, 「숲과 문화 연구회 : 포지티브 방식의 환경 및 문화 운동단체」, 『문학과 환경』 9, 2005.

이정호·전영우,「근세 조선의 왕목 : 사직수, 문화사회적 임업, 그리고 문화적 지속가능성」,『한국임학회지』98, 2009.

K. Tanaka · K. Petrus · M. Shimagami, "National forest park and local communities : A case from Lampung province, Indonesia, in relation to the implementation of social forestry", *Proceedings of the 2nd International Conference on forest-related traditional knowledge and culture in Asia*, Kunming, Yunnan, China, 2009.

Millenium Ecosystem Assessment, *Ecosystem and Human Well-being*, Washington D.C. : Island Press, 2005.

Yi. C. H., "Culturo-social forestry and a return of the culturo-social values of tree and forest", *Proceedings of the 2nd International Conference on forest-related traditional knowledge and culture in Asia*, China : Kunming, 2009.

제15장_ 통직성의 미학을 간직한 소나무숲길

이덕일,『살아있는 한국사』1, 휴머니스트, 2003.

_____,『살아있는 한국사』2, 휴머니스트, 2003.

이정호,「퐁텐블로숲 탐방길의 대중화와 드네꾸르」,『숲과 문화 』14(1), 2005.

전영우,『숲과 문화』, 북스힐, 2005.

박봉우 편,『숲과 휴양』, 숲과 문화 연구회, 1994.

제16장_ 현대 한국 숲의 문화적 가치와 녹색 성장

전영우,『숲과 시민사회』, 수문출판사, 2002.

배재수,「제 1 차 치산녹화계획의 수립과정 : 경영 중심의 임정과 행정중심의 임정의 갈림길」,『한국임학회지 』96(5), 2007.

Chun. Y. W., *The National Anthem and Tree Planting : A Story of Reforestation of South Korea*, Forest and Culture Publishers, 2010.

Chun. Y. W. · Tak. K. I., "Songgye, a traditional knowledge system for sustainable forest management of Choson dynasty of Korea", *Forest Ecology and Management* 257, 2009.

Kim. M. J., "Tree planting activities of Joseon dynasty", In : Yi.C.H. · Chun.Y.W. (eds.), *Proceedings of Cultural Forestry and Forest Culture 2010*, IUFRO Working Party 6.07.03(Forest Culture and Cultural Forestry), 2010.

Lee. D. K. · Shin. J. H. · Park. P. S. · Park. Y. D., "Forest rehabilitation in Korea", Lee. D. K(ed.), *Korean Forests : Lessons Learned from Stories of Success and Failure*, Korea Forest Research Institute, 2010.

Lee. K. H., "Vision of Korean forest and forestry", In Lee. D. K(ed.), *Korean Forests : Lessons Learned from Stories of Success and Failure*, Korea Forest Research Institute, 2010.

M. Agnoletti et al., *Guidelines for the implementation of social and cultural values in sustainable forest management(MCPFE-Vienna Resolution 3)*, IUFRO Occasional Paper No. 19. IUFRO Research Group 6.07.00, 2007.

제17장_ 소나무의 생명과학과 유전자원의 보전

김진수 · 손요한 · 신준환 · 이도원 · 최재천 · 리처드 프리맥, 『보전생물학』, 사이언스북스, 2000.

김진수 · 이석우 · 황재우 · 권기원, 「금강소나무, 유전적으로 별개의 품종으로 인정될 수 있는가? : 동위효소 분석결과에 의한 고찰」, 『한국임학회지』 82(2), 1993.

이경준, 『수목생리학』(2차 수정판), 서울대 출판부, 1997.

이정호, 「수목유전체학과 비교유전체학 이야기」, 『유전체소식』 2(3), 2002.

______, 「한국의 소나무 유전체학을 위하여」, 배상원 편, 『우리 겨레의 삶과 소나무』, 수문출판사, 2004.

Kim. Z. S. · Yi. C. H. · Lee. S. W., "Genetic variation and sampling strategy for conservation in Pinus species", In Kim. Z. S. · Hattemer. H. H.(eds.), *Conservation and Manipulation of Genetic Resources in Forestry*, Gwangmoongak, 1994.

White T. L. · W. T. Adams · D. B. Neale, *Forest Genetics*, CAB International, 2007.

Yi. C. H., "Cultural bio-species as the connectivity between forest life science and forest cultural studies", *Proceedings of the Annual Meeting of Korean Forest Society*, Korea Forest Society, 2007.

Zobel B. J. · J. T. Talbert, *Applied Forest Tree Improvement*, Wiely, 1984.

제18장_ 호모 실바누스의 현재와 미래

김학범 · 장동수, 『마을숲 : 한국 전통 부락의 당숲과 수구막이』, 열화당, 1994.

이도원 편, 『한국의 전통생태학』, 사이언스북스, 2004.

이정호, 「퐁텐블로숲 탐방길의 대중화와 드네꾸르」, 『숲과 문화』 14(1), 2005a.

______, 「환경윤리학과 알도 레오폴드」, 『숲과 문화』 15(2), 2005b.

______, 「아프리카의 여성 산림인 왕가리 마타이」, 『숲과 문화』 15(5), 2005c.

______, 「유전학자 : 환경운동가 데이비드 스즈끼」, 『숲과 문화』 15(6), 2005d.

______, 「현대적 황실 문화와 인문 : 자연 유산의 보전」, 『이화(李花)(전주이씨 대동종약원회보)』 213호, 2009.

______, 「일본 산림문화의 일면」, 『숲과 문화』 20(1), 2011.

이정호 · 전영우, 「근세조선의 왕목 : 사직수, 문화사회적 임업, 그리고 문화적 지속가능성」, 『한국임학회지』 98, 2009.

박봉우 편, 『숲과 휴양』, 숲과문화연구회, 1994.

탁광일 편, 『숲과 자연교육』, 수문출판사, 1998.

모리모토 카네히사 · 미야자키 요시후미 · 히라노 히데끼 외, 산림치유포럼 역, 『산림치유』, 전나무숲, 2009.

후카마치 카츠에, 박미호 역, 「일본의 마을숲(里山, 사토야마) 관리와 지역 공동체」, 『숲과문화』 83(5), 2005.

Yi. C. H., "The neugwon forests of Joseon dynasty : Yesterday's Confucian practice and modern cultural and biodiversity values", In : Yi. C. H. · Chun. Y. W.(eds.), *Proceedings of Cultural Forestry and Forest Culture*, IUFRO Working Party 6.07.03(Forest Culture and Cultural Forestry), 2010.

생물종 ※ 속명(*genus name*), 종명(*species name*), spp.는 해당 속에 속하는 여러 종